滋賀大学データサイエンス学部
長崎大学情報データ科学部
［共編］

データサイエンスの歩き方

［第2版］

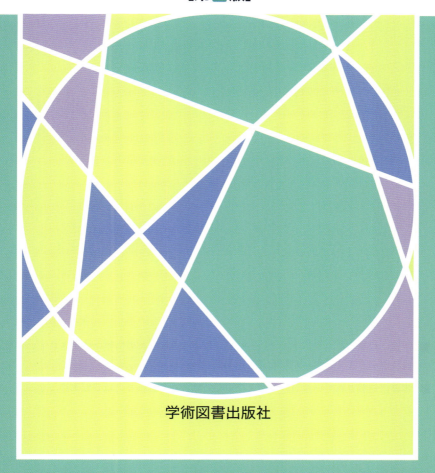

学術図書出版社

■ 本書に登場するソフトウェアのバージョンや URL などの情報は変更されている可能性があります．あらかじめご了承ください．

■ 本書に記載されている会社名および製品名は各社の商標または登録商標です．

まえがき

　本書『データサイエンスの歩き方』は，現代の社会人にとって必須の知識となるデータサイエンスと統計学のリテラシーレベルの内容を概説したテキストである．さまざまな分野でのデータに対するデータサイエンスの応用例の紹介を通して，データサイエンスを活用するための基礎となる統計学を解説している．本書は文系・理系を問わず，大学1年生の教養科目での使用を想定し，表やグラフを多用しながら，実社会でのデータサイエンスの役割を意識できるように構成した．具体的には以下の項目を主な内容として扱っている．

- データサイエンスの社会的役割
- データサイエンスにおける統計学の基礎
- データサイエンスの手法の紹介
- コンピュータを用いたデータ分析の初歩
- データサイエンスの応用事例
- 推測統計の基礎的事項（母集団，標本，確率変数，推定と検定，回帰分析）

　データサイエンスの応用事例として，マーケティング，画像処理，品質管理，生命科学の分野を取り上げ，実際のデータ活用の事例を紹介している．データサイエンスの応用に必要な推測統計学の基礎を解説している点は他書にない特徴である．数式を読むことを得意としていない読者は，数式が意味する雰囲気を読み取っていただければ幸いである．

　なお，本書は，竹村彰通・姫野哲人・高田聖治編『データサイエンス入門第2版（データサイエンス大系）』を滋賀大学データサイエンス学部と長崎大学情報データ科学部の共同編集という形で，長崎大学の全学生向け教養教育科目用にカスタマイズした書籍である．

2022年2月

長崎大学情報データ科学部　西井 龍映
滋賀大学データサイエンス学部　竹村 彰通

ii

第 2 版への追記

このたびの改訂では，データサイエンスを取り巻く急速な進展を反映し，特にAI技術の進化を受けた新たな内容を追加した．また，2024年2月に改訂された「数理・データサイエンス・AI（リテラシーレベル）モデルカリキュラム」に準拠し，新たなキーワードについての解説を加えた．本書が，読者のデータサイエンス・AIの学習と実践に役立つことを期待する．

目　　次

第 1 章　現代社会におけるデータサイエンス　　1

1.1　データサイエンスの役割 1

1.2　データサイエンスと情報倫理 14

1.3　データ分析のためのデータの取得と管理 31

第 2 章　データ分析の基礎　　40

2.1　ヒストグラム・箱ひげ図・平均値と分散 41

2.2　散布図と相関係数 52

2.3　回帰直線 58

2.4　データ分析で注意すべき点 60

第 3 章　データサイエンスの手法　　74

3.1　クロス集計 74

3.2　回帰分析 75

3.3　ベイズ推論 81

3.4　アソシエーション分析 84

3.5　クラスタリング 86

3.6　決定木 90

3.7　ニューラルネットワーク 93

3.8　機械学習と AI (人工知能) 95

第 4 章　コンピュータを用いた分析　　100

4.1　Excel を用いたデータ分析 101

4.2　統計解析ソフト R を使ったデータ分析 113

iv

	4.3	プログラミング言語 Python を使ったデータ分析	127

第 5 章　データサイエンスの応用事例　　　　　　　　　　137

	5.1	マーケティング	137
	5.2	金融	145
	5.3	品質管理	149
	5.4	画像処理	156
	5.5	医学	162

第 6 章　統計的推測の基礎　　　　　　　　　　　　　　　169

	6.1	母集団と標本	169
	6.2	確率変数と確率分布	171
	6.3	確率分布の例	184
	6.4	推定の基礎	190
	6.5	区間推定	199
	6.6	仮説検定	205
	6.7	回帰モデル	220

第 7 章　より進んだ学習のために　　　　　　　　　　　　236

索　　引　　　　　　　　　　　　　　　　　　　　　　244

第1章

現代社会におけるデータサイエンス

この章では，まず 1.1 節で現代社会においてデータサイエンスが果たしている役割について述べる．その後 1.2 節ではデータサイエンスにかかわる倫理的な諸問題について解説し，1.3 節でデータ分析のためのデータの取得・管理方法について概観を与える．

1.1　データサイエンスの役割

1.1.1　ビッグデータの時代とデータサイエンス

情報通信技術や計測技術の発展により，多量かつ多様なデータが得られ，ネットワーク上に蓄積される時代となった．このようなデータは**ビッグデータ**とよばれる．ビッグデータ時代をもたらした象徴的な機器が**スマートフォン**である．スマートフォンという製品のジャンルを確立したアップル社の iPhone が米国で発売されたのは 2007 年のことである．iPhone はインターネットに常時接続し，マルチタッチの画面を備え，それまでの携帯電話，デジカメ，音楽プレーヤーの機能を 1 つの機器に統合した．そしてその後の 15 年間で，スマートフォンは多くの国で個人所有率が 8 割を超えるまでに普及した．最近のスマートフォンの能力は，30 年ほど前のスーパーコンピュータの能力に匹敵するといわれており，人々はそれだけの能力をもつコンピュータを身につけて行動していることになる．

無線通信の速度や容量の増加も著しく，いまではたとえば地下鉄の中も「圏

図 1.1　ビッグデータの概念図

内」となり，スマートフォンを用いることができる．このため地下鉄の中でも人々はスマートフォンでソーシャル・ネットワーキング・サービス (SNS) を通じてメッセージを交換したり，ブラウザを用いて情報を得たりしている．そして，新聞や本を読んでいる人は少数となってしまった．15 年の間にこのような大きな社会的変化が起きた．

スマートフォンの他にも，コンビニでの買い物の際に**ポイントカード**を用いるとコンビニでの個人の購買履歴が蓄積されていく．ポイントカードを使うと消費者にはポイントがたまるメリットがあるが，企業側からすると個人の購買履歴の情報を得ることに価値がある．ポイントはこのような情報に対する対価と考えることもできる．また交通カードを使って電車に乗れば，いつどこからどこへ行ったかの移動の情報が蓄積されていく．

人々の SNS でのメッセージ交換の履歴，ウェブの閲覧履歴，購買行動の履歴はインターネット上のサーバに記録され蓄積されている．これらのビッグデータは，さまざまなニュースに対する人々の関心の高さや，商品やサービスのトレンドを分析するために利用されている．より詳しく，たとえば年齢や性別によって関心をもつ対象がどのように異なるか，消費行動がどのように異なるか，なども分析されている．これにより，たとえば企業が新商品を開発する場合，どのようなターゲットに向けて開発するかなどを具体的に検討することができる．このような分析が可能になったのはスマートフォンやポイントカードの普及により人々の行動履歴が直接に得られ蓄積されるようになったためであり，これ

は最近の大きな変化であるといえる．

科学の分野でも大量のデータが得られるようになり，データ駆動型の研究が進んでいる．一例として人工衛星からの観測を見てみよう．日本の天気予報に重要な役割を果たしている気象衛星「ひまわり」は，今から約50年前の1977年に初めて打ち上げられた (「日本の気象衛星の歩み」[※1])．そして最新のひまわり9号は2016年11月に打ち上げられた．日本付近の気象衛星による観測は，初代のひまわりの3時間ごとから，ひまわり8号の2.5分ごとへと70倍以上の頻度に大きく向上した．分解能も初代のひまわりの1.25 kmから，ひまわり8号の0.5 kmまで向上した．2015年7月に運用のはじまったひまわり8号からの鮮明な台風の雲の動きは大きな反響をよんだ．気象庁のホームページではひまわりから観測した雲画像を10分ごとに更新して掲載している．

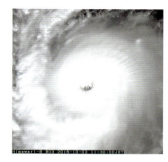

図1.2 気象衛星ひまわり8号がとらえた2016年台風18号
出所：気象庁ウェブサイト[※2]

また人工衛星を用いた位置測定 (米国の全地球測位システム GPS, Global Positioning System, など) はカーナビやスマートフォンの位置情報に不可欠のものとなっているが，2017年10月には日本版GPS衛星「みちびき」の4号機の打ち上げが成功した．これにより，天頂付近にとどまる「準天頂衛星システム」は4機体制となり，衛星のいずれか1機が常に日本の真上を飛ぶことによりデータを24時間使うことが可能になった．この新しい衛星システムは誤差がわずか数cmという極めて正確な位置情報を提供し，たとえば無人トラクターによる種まきや農薬の散布などへの応用が考えられている．このように人工衛星からの詳細なデータは我々の生活に不可欠なものとなっている．

ビッグデータとして今後重要性が増してくるのは，さまざまなセンサーから得られるデータである．センサーは我々の身近な機器にもどんどん搭載されている．スマートフォンでは，画面の明るさを自動調整するためには輝度センサーが，画面の自動回転のためにはモーションセンサーが使われている．また地磁

[※1] https://www.data.jma.go.jp/sat_info/himawari/enkaku.html
[※2] https://www.data.jma.go.jp/sat_info/himawari/obsimg/image_tg.html

気センサーもついているので，スマートフォンの地図を用いるときに利用者がどちらの方向を向いているかがわかる．最近の高機能な体重計 (デジタルヘルスメーターや体組成計ともよばれる) では，体重だけでなく体脂肪率，体水分率，筋肉量なども測ることができ，またスマートフォンと連携することでデータの記録もできる．

　自動車については，自動運転の実現が期待されている．自動運転が実現し一般化することで，過疎地域などの交通サービスの課題が解決できる．自動運転車はカメラや，レーザー光を使ったセンサーである LiDAR を使って自車の周りの環境を認識する．また，信号機や周りの車と通信することによって，環境の認識の精度をあげることができる．

図 1.3　LiDAR
Photo by David McNew/Getty Images

　このようにさまざまなモノにとりつけられたセンサーからの情報をインターネットを介して利用することを **IoT** (Internet of Things, モノのインターネット) とよんでいる．IoT の技術を生産現場に応用して，生産性の向上や故障の予知などをおこなう工場はスマート工場とよばれる．スマート工場による生産性の向上はドイツで「インダストリー 4.0」として提唱され，その後工場に限らずより広い経済活動の変革をもたらす言葉として **第 4 次産業革命** が使われるようになった．また **ソサエティー 5.0** (Society 5.0) は，日本が提唱する未来社会のコンセプトであり，コンピュータとネットワークから構成されるサイバー空間

図 1.4 ソサエティー 5.0 (Society 5.0)
出所：内閣府ウェブサイト https://www8.cao.go.jp/cstp/society5_0/

(仮想空間) と我々が実際に暮らしているフィジカル空間 (現実空間) を融合させることにより新たな社会を築こうとするものである．

スマートフォン，ポイントカード，人工衛星などから得られるデータは大量であり典型的なビッグデータである．ビッグデータの特徴としては Volume (量)，Variety (多様性)，Velocity (速度) の 3V とよばれる性質があげられることが多い．Volume の意味は明らかであるが，Variety (多様性) とはたとえば画像データや音声データなどのさまざまな形式のデータがあることを意味し，Velocity (速度) はウェブ検索において短時間に検索結果を返すような高速な処理が求められることを意味している．気象衛星ひまわりのデータでも，可視光のデータのみならずさまざまな波長の赤外線のデータが観測され，地上に常時送られ，これらのデータは組み合わせて実時間 (リアルタイム) 処理され，雲の様子など天候の状況が可視化されている．

しかしながら，典型的なビッグデータのみが有用なわけではないことに注意する必要がある．以前は紙で処理していた事務作業のほとんどがパソコンで行われるようになり，表計算ソフトのワークシートの形でデータを保存することが容易になった．またデータを保存しておくためのハードディスクなどのストレージの価格も下がっている．このため，我々の生活のあらゆる場面でデータが入力され保存され，データが社会に溢れるように遍在する時代となった．このような時代において，典型的なビッグデータと限らず，あらゆる種類のデータを処理・分析して，そこから有用な情報 (価値) を引き出すための学問分野が

データサイエンスである．

1.1.2 資源としてのデータ

最近ではデータは「21世紀の石油」ともよばれるようになり，データが新たな経済的な資源と考えられるようになっている．データを経済的な資源と考えるときに，データを保有するものが有利となる．実際，アマゾンなどのインターネット上の巨大企業は膨大なデータを蓄積し，経済的な優位性を築いている．最近ではグーグル，アップル，フェイスブック (現メタ)，アマゾンの4つの巨大企業は，それぞれの頭文字をとって「GAFA」とよばれるようになった．以前はこれにマイクロソフト社を加えてGAFMAとよばれることもあったが，最近では特にモバイル (携帯) 分野でのマイクロソフト社の影の薄さから，GAFAがインターネット上の巨大企業を表す用語として使われることが多い．これらの4社は，それぞれの得意分野の

図 1.5　GAFA

インターネットサービスにより世界中で億人単位のユーザーを囲いこんでおり，個人のデータを大量に収集し，データを分析して新たなサービスを展開している．

中国は，政府の政策により，国内のインターネット事業者を保護しており，中国国内市場自体の大きさからGAFAに匹敵する巨大企業を生み出してきた．代表的な巨大企業として，バイドゥ (百度)，アリババ (阿里巴巴)，テンセント (騰訊控股) の3社はBATとよばれている．

このように米国でも中国でも，ビッグデータを資源として利用した企業が急激に成長し，さまざまな基盤的なサービスを提供している．このように資源としてのデータの利用がイノベーションをもたらしている社会を**データ駆動型社会**とよんでいる．

GAFAやBATのサービスは，ユーザーが増えれば増えるほど便利になりサービスがさらに向上するという「ネットワーク効果」をもっており，これらの企業は**プラットフォーマー**とよばれている．プラットフォーマーとは，第三者がビジネスや情報配信などを行う基盤として利用できるサービスやシステムなどを提供する事業者を指す．たとえばフェイスブックは，SNSのプラットフォー

マーであり，ウェブ上で仕事や趣味のグループ活動などの社会的ネットワークの場を提供してきた．同様のサービスは他にも存在しているが，たとえばネット上での同窓会の運営を考えてみても，1つのサービスに加入している人が多ければ多いほど運営がやりやすくなることから，いったんユーザーが集まったサービスにはさらに多くのユーザーが集まるというネットワーク効果が働く．このためフェイスブックはSNSのプラットフォーマーとしての地位を築いてきた．

これらのプラットフォーマーが活躍する基盤であるインターネット自体は，分散的なネットワークであり，電話番号にあたるIPアドレスやドメイン名の取得に一定のルールがあるものの，ルールを守れば自由にローカルなネットワークをインターネットに接続できる．インターネットでは，個人でも自由にサーバをたて，ホームページを公開できる．このようにインターネットの基盤自体は分散的な構造であるのに，その基盤上に構築されたサービスに独占的な傾向が生まれていることは注目に値する．

ところで2018年4月のはじめに，フェイスブックから最大で8700万人もの個人情報が流出したというニュースが報道された．これらのデータはケンブリッジ・アナリティカというデータ分析会社に渡り，2016年の米大統領選でもトランプ陣営に有利になるように使われたのではないかと疑われている．この事件により，フェイスブックによる個人情報の扱いに批判が集まっており，フェイスブックの今後に暗雲が漂いはじめているようにも思われる．このように，データは今日の最も重要な資源と考えられているが，その有用性ゆえに，その扱いを誤ったときの影響は大きい．

データが資源といっても，ためているだけでは価値を生むことはなく，宝の持ち腐れになってしまう．豊かな自然資源をもつ国でも，その資源を加工する技術をもたなければ，資源を輸出するだけでなかなか先進国と伍していくことができない．データについても，データ自体と，データを処理・分析する技術の双方が重要である．残念ながら，現在の日本は，データを外国企業にとられ，また活用もされている状況が続いている．日本でもデータは常時生み出されているから，日本に欠けているのはデータを加工・分析する技術，あるいはそのような技術をもち社会の仕組みをデザインする人材である．

まずは 21 世紀の石油としてのデータとその加工・分析の重要性が広く認識され，一般的なデータサイエンスのリテラシーを向上することが重要である．日本の政府や経済界も，文系理系を問わず全学的な数理・データサイエンス教育の充実を重要な教育方針としてあげている．その上で，データサイエンスに専門性を有する人材の組織的な育成も求められる．データを処理・分析し，データから価値を引き出すことのできる専門的な人材をデータサイエンティストとよぶ．

データサイエンティストに必要な素養にはどのようなものがあるだろうか．まずデータの処理のためにはコンピュータを用いる必要があり，情報学あるいはコンピュータ科学の知識が必要である．またデータの分析のためには統計学や機械学習の知識が必要である．さらにそれらの基礎としてはある程度の数学の知識も必要となる．すなわちデータサイエンスの技術的な基礎は情報学と統計学であり，これらは理系的な分野である．一方で，すでに述べたように，最近の大きな変化は人々の行動履歴のデータが得られるようになったことであり，データサイエンスの応用分野は人や社会に関連する分野であることが多い．すなわちデータサイエンスの応用分野は多くの場合文系的である．この意味でデータサイエンスは文理融合的な分野である．

データの観点から見ると，文理の区別自体が意味をもたない．たとえば円とドルの為替レートのデータを考えてみよう．これは経済に関するデータであるから文系といえる．他方で毎日の気温のデータを考えると，これは気象に関するデータであるから理系といえる．ただし，どちらも時系列データという点で

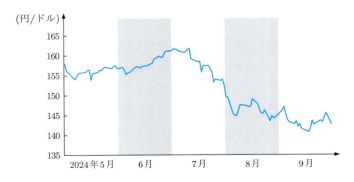

図 1.6 円とドルの為替レートの時系列データ

は同じであり，これらのデータを分析する際に同様の手法を用いることができる．すでに述べたように，最近ではパソコンを使った作業が一般化し，あらゆる分野でデータが得られるようになっている．このことからも文理の区別は実際上の意味がないことがわかる．データサイエンティストは，情報学と統計学のスキルを用いて，文理を問わずあらゆる分野のデータを分析し，必要に応じてそれぞれの分野の専門家と協力しながら，データから価値を引き出すことのできる人材である．

　文系理系の区別は日本の教育の1つの問題点である．この区別は大学入試に関連して強まる傾向にある．大学への進学を考える高校生の多くは，高校1年生の終わりにすでに文系か理系を選択し，その区別にそって入学試験の準備をはじめる．そして文系を選択した学生は理系の科目，特に数学の勉強を避ける傾向がある．日本の企業では経営者は文系出身者であることが多いから，経営者の多くが「数字に弱い」傾向となる．そのためエビデンス (証拠) に基づく意思決定よりも「経験」と「勘」による意思決定が行われることが多くなる．他方，技術者もキャリアパスが技術系に閉じていることが多く，技術的な専門性は高いものの，たとえば消費者の嗜好がどこにありそのためどのような技術が求められているのか，といった経営的な判断をすることが少ない．しかしながら，ICT (Information and Communication Technology，情報通信技術) がこれだけ進歩した現状では，求められているのは技術のわかる経営者であり，また経営のわかる技術者である．政府や自治体においても最近ではデータに基づく政策立案・評価が重視され，これは**証拠に基づく政策立案** (EBPM, Evidence Based Policy Making) とよばれる．

1.1.3　現代のそろばんとしてのデータサイエンスと AI

　文系理系の区別は，日本の社会に見られる縦割りの構造の1つの表れである．日本の大学の学部や学科の構成は，対応する産業分野への人材供給を基本的な考え方としているように思われる．伝統的には，法学部卒業生は公務員に，経済学部卒業生は金融機関に就職する，というように考えられていたし，工学部でも電気工学科や機械工学科といった学科構成は製造業の各分野に対応している．これに対してデータサイエンスは分野を問わず必要とされるものであり，汎用

的あるいは「横串」の手法である．一方それぞれの固有の専門領域やそれらの分野で用いられる手法を「縦串」とよぶことにすると，日本ではまずそれぞれの専門分野の縦串の手法を学び，統計学や情報学のような横串の手法は「後から必要に応じて勉強すればよい」とやや軽く考えられてきた傾向がある．

このような傾向の中で，日本の企業では統計的なデータ分析についても「数字だけわかっていてもだめだ」，「現場がわからなければだめだ」などの反応が見られることが多かった．個別分野の専門性の深さはもちろん重要であるが，一方で最近のインターネット関連のイノベーションには横串の手法のほうがより貢献が大きく，技術のあり方自体が変化しているように思われる．

横串の学問として最も基礎的な学問は数学であり，日本では江戸時代から「読み・書き・そろばん」が教育の基本となっていた．現在ではそろばんはコンピュータに対応すると思われるが，ビッグデータ時代においては，データをコンピュータや数学を用いて扱うスキルに対応すると考えるほうがよいであろう．すなわちデータサイエンスは21世紀のそろばんと考えることができる．文系理系を問わず全学的な数理・データサイエンス教育の充実を重要な教育方針としてあげている文部科学省の方針も，このような考え方が背景にある．データの重要性が認識されるにつれて，日本の企業においても，「数字だけわかっていてもだめだ」，「現場がわからなければだめだ」という反応から，「データを活かしきれていない」，「データサイエンスの観点からデータを見てほしい」という反応に変わってきているのが現状である．

このように，データサイエンスの考え方や基本的な手法は，現代のそろばんとして，広く学ばれるべきものである．

ビッグデータの活用において最近大きな注目を集めている技術が **AI (人工知能**，Artificial Intelligence) 技術である．人工知能とは，コンピュータに人間の知的な行動をおこなわせる技術であり，コンピュータが誕生した頃から研究がはじまっていたが，最近この技術が注目されているのは**深層学習** (Deep Learning) 技術の急速な発展のためである．深層学習は2012年に画像認識を競う国際会議で従来手法を大幅に上回る性能を上げたことにより注目されるようになった．その後，グーグルが開発した囲碁プログラム AlphaGo (アルファ碁) が2016年

図 1.7　韓国のプロ棋士イ・セドルと AlphaGo の対局 (2016 年 3 月)
Photo by Google via Getty Images

に韓国のトップ棋士に勝利したことにより，一般の人々にもこの技術の有用性が広く認識されるようになった．深層学習は，脳の神経細胞を模したモデルであるニューラルネットワークモデルにおいて，階層の数を多くした複雑なモデルを利用している．複雑なモデルを構築するにはビッグデータが必要となるため，ビッグデータの存在と AI 技術の発展は表裏一体といってもよい．深層学習は，画像解析においてはすでに広く用いられているが，音声データやテキストデータの解析にも有効であり，音声認識や自動翻訳の精度の向上をもたらしている．AI 技術の急激な発展を受けて政府は 2019 年 7 月に「AI 戦略 2019」を策定し，文部科学省はすべての大学生が学ぶべきものとして数理・データサイエンス・AI 教育の全国展開を進めている．

　深層学習は当初は数値やカテゴリの予測モデルとしての性能が注目されたが，その後の技術的な発展によって，データや**コンテンツ生成**にも用いられるようになった．データやコンテンツ生成に用いられる深層学習モデルを **(深層) 生成モデル**とよぶ．特に 2022 年の秋に登場した **ChatGPT** は，さまざまな質問文に対して自然な回答の文章を生成し，あたかも人と対話しているような印象を与えたため，大きな話題となった．ChatGPT は文章の**翻訳**や**要約**の性能も高く，私たちが文章を書く際の**執筆支援**に有用である．さらに，定型的なコンピュータプログラムであれば，「このようなプログラムを書いてほしい」と入力するこ

12　第 1 章　現代社会におけるデータサイエンス

とによって，**コーディング支援**もおこなってくれる．ChatGPT は当初はこのように文章の生成能力が注目されたが，その後は画像や音声も同時に扱う**マルチモーダル**なシステムとして開発が続けられている．ChatGPT 以外にもさまざまな生成 AI のシステムが開発・提供され，高品質な音楽や動画が手軽に生成できるようになってきている．

　深層学習などの最近の AI 手法は，ビッグデータを用いて人間の知的活動を模倣する性格が強く，その意味でデータを起点としたものの見方に基づいている．それ以前の人工知能の研究は論理的思考などを計算機上に実現しようとしたものであり人間の知的活動を起点としたものの見方に基づいていた．現在ではデータを起点としたものの見方の有用性が強く認識される時代であるが，データに基づきつつ責任を持った判断をおこなうのは人間であって AI ではないから，人間の知的活動を起点としたものの見方も常に重要である．

1.1.4　求められるデータサイエンティスト

　ビッグデータという言葉が用いられるようになったのは 2010 年頃からであるが，その頃に米国ではデータサイエンティストや統計学を専門とする統計家が魅力的な職業であるといわれるようになった．2008 年には，著名な経済学者でその当時グーグルのチーフエコノミストであったハル・ヴァリアンが「これから 10 年間の最も魅力的な仕事は統計家だといつもいっているんだ」(*"I keep saying the sexy job in the next ten years will be statisticians"*) と発言した．また 2009 年にはその当時グーグル上級副社長であったジョナサン・ローゼンバーグが「データは 21 世紀の刀であり，それをうまく扱えるものがサムライだ」(*"Data is the sword of the 21st century, those who wield it well, the Samurai"*) と述べた．同様の文章はエリック・シュミットとジョナサン・ローゼンバーグの *How Google works* (Grand Central Publishing, 2014)[3] という本の中でも繰り返されている．

　このような発言を裏付けるデータとして，米国統計学会のニュースレターに示されている統計学および生物統計学の学位の授与数のデータがあげられる．それによると，統計学および生物統計学の学士号 (学部卒) の授与数は 2009 年に

---

[3] 日本語翻訳版は，土方奈美訳，『How Google Works』(日本経済新聞出版社，2014).

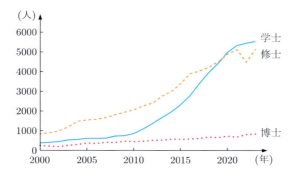

図 1.8 米国における統計学・生物統計学の学位授与数の推移 (2000〜2023 年)
データの出所：米国統計学会
https://ww2.amstat.org/misc/StatBiostatTable1987-Current.pdf

は 700 名程度であったものが 2023 年には 5500 名くらいになっている．また修士号 (修士卒) の授与数は 2009 年には 2000 名程度であったものが 2023 年には 5000 名くらいとなっている．特に学士については 14 年で数倍の伸びとなっている．米国では多くの大学に統計学科が昔から存在するが，統計学科における教育がコンピュータも重視したデータサイエンス教育にシフトしつつあり，卒業後の就職状況も良いことから，学生からの人気につながっていると思われる．

中国にも 300 以上の大学に統計学部・学科があるといわれている．中国の IT 化は急速であり，すでにふれた BAT とよばれる巨大インターネット企業が多くのデータサイエンティストを採用している．

これに対して日本ではデータサイエンティストを組織的に育成する体制ができていない．2017 年 4 月に滋賀大学に日本初のデータサイエンス学部が開設されるまで，日本には統計学を専攻する大学の学部や学科が存在していなかった．2018 年 4 月には横浜市立大学にもデータサイエンス学部が開設された．その後も毎年のようにデータサイエンス系の学部が新設されているが，まだまだ日本はデータサイエンスの分野で米国や中国に比べて大きく出遅れている現状であり，ともかくデータサイエンティストの数が少ない．一方で最近になって日本でも多くの企業がデータサイエンス部門を新設するなど，急激にデータサイエンティストに対する需要が増えており，多くの企業でデータサイエンティストがなかなか確保できない状況となっている．

14 第1章 現代社会におけるデータサイエンス

このようにデータサイエンスに対する全般的なリテラシーを向上するとともに，専門家としてのデータサイエンティストの組織的な育成も求められている．これらはデータサイエンス教育における車の両輪ともいえる．

1.2 データサイエンスと情報倫理

1.2.1 デジタル社会の光と影

私たちの生活は，デジタル化のおかげでさまざまな恩恵を受けている．たとえば，あなたが事前に "ポイント登録" しておけば，買い物するごとにポイント還元されるのでおトクな思いができる．

どうしてこんなことができるのだろうか．その背景には何が起きているのか，想像を巡らせてみよう．

ポイントサービスの運営会社は，あなたのポイント会員登録時の個人情報を覚えていて，あなたの買い物履歴 (何を，いつ，どこで購入) と一緒に行動履歴を記録している．運営会社はたくさんの会員を抱えていて，個人情報や嗜好・買い物履歴を詳細なログデータとして蓄積し，それらの関係を分析している．このようなデータは，商品開発や市場調査の企業にとっては喉から手が出るお宝情報であり経済的価値がある．運営会社は，その価値の一部をポイント会員のあなたに還元する．さらに，あなたの好みを探りながら，クーポンを配信したり商品をレコメンド (おすすめ) したりする．

このようなポイント還元の仕組みは，動画配信サービスや SNS でも展開され経済活動を活性化させている．まさにデジタル社会は，消費者，会社，世間，にとって三方よしを実現している．

ただし，このような社会での暮らしに危険はないだろうか．安心・安全のためには，あなたの個人情報や企業の秘密がしっかりと保護され，そして，適切に利用されていることが前提である．情報が不正持ち出しされたり不当利用されたりするようなことがあってはならない．

不正持ち出しが困ることは説明不要だろうが，不当利用とはどのようなことだろうか．現実に起きた事例として，以下のようなことがある．

- ある大学は，個人情報 (性別) を利用して，入学試験の点数が同じ受験生を男女によって合格・不合格に差を付けていた[4]．
- ある就活支援会社は，会員登録している就活生に関する「内定辞退確率」を勝手に算出して，それを求人企業に提供していた[5]．

大学や高等専門学校で学ぶどんな科目でも，結局はデータに関する営みであるとも言える．データを取得・作成して，利用，そして提供・交換する行為は，データサイエンスに通じる．AI も，データがあってこそ成り立っている．データに向き合う際，計算誤りや取り違えなく正確に処理をおこなうことはもちろん，その取り扱いには適正さが求められる．本節では，デジタル社会を生きる中で，情報やデータを扱う際に，留意すべきマナーや規則，倫理について考えてみよう．

1.2.2 倫理・法律・社会的含意 (ELSI)

人類は AI をどのように取り扱うべきか，世界的な議論が続いている．「広島AI プロセス」が提唱されていることも，その流れの 1 つである[6]．

人類は，言葉を使ったコミュニケーションで社会を形成し，さらに情報やデータも扱うことでより深い意見交換や意思決定をしている．そのような人類の営みに，人工知能 (AI) による介入が急速に高度化しながら私たちの世界を変えはじめている．それによって生じるインパクトや，意図しない形で (または，悪意をもつ者により) もたらされる影響について，私たちの想像力や備えは十分できているであろうか．

歴史を振り返れば，エネルギーにも爆弾にも使える原子力や，ヒトの生命や尊厳に関わるバイオテクノロジーなど，人類にとって重大な科学技術がこれまでも登場してきた．

---

[4] 文部科学省 (2018 年)「医学部医学科の入学者選抜における公正確保等に係る調査について」
https://www.mext.go.jp/a_menu/koutou/senbatsu/1409128.htm
[5] 就職支援会社が就活生ごとのサイト閲覧履歴 (cookie 情報) を参照することで，求人企業各社のウェブサイト閲覧状況から独自に「内定辞退確率」を算出していた．およそ 2 万 6 千人もの就活生の「確率」が求人企業に提供されていた．
個人情報保護委員会 (2019 年)「個人情報の保護に関する法律に基づく行政上の対応について」
https://www.ppc.go.jp/news/press/2019/20191204/
[6] 2023 年広島で 7 カ国 (G7) 首脳サミットが開催されたときに，AI の活用と規制の在り方を国際的課題として議論するため立ち上げられた取り組み．
https://www.soumu.go.jp/hiroshimaaiprocess/

16 第1章 現代社会におけるデータサイエンス

1990年，ヒトゲノムプロジェクト(人類の遺伝子解析研究)を立ち上げていた当時の米国の国立衛生研究所は，倫理(Ethical)・法律(Legal)・社会的含意(Social Implications，または社会課題 Social Issues)に関する「**ELSI** プロジェクト」を発足させた．遺伝子を解析し，操作できるようになると，多くのイノベーションが生まれることに期待が高まったが，同時に，一般市民の暮らしや価値観，そして社会に大きなインパクトを与えることも予見された．ELSI プロジェクトは，それに備えようとする取り組みであった．

バイオテクノロジーとして，人工授精や臓器移植については倫理面を含めた世界的な議論を経て法制度や医療体制の整備が各地域で進んでいる．一方，遺伝子組換えは自然界に存在しない人工生物が環境に出回ることで未知の危険性をもたらしかねず，厳格な管理が必須との認識が社会的に共有されている．

原子力については，原子力発電所や核兵器に関する専門機関や条約が設けられ，国際的な枠組での管理が行われている．

情報やデータの場合，その処理は，かつては，周囲から隔離された専用の電子計算機室の中で専門のオペレータがおこなうものであった．

ところが，インターネットや携帯端末が隅々にまで行き渡った現代，世界中の人々が入り乱れて情報をやりとりすることが日常になった．アルバイト従業員の悪ふざけ動画が地球の裏までさらされることは当たり前だし，世界のあちこちで情報にまつわる事件や事故は今日も続いている．

次の項(1.2.3項以降)では，情報を利用する立場だけでなく，システムを開発したりサービスを提供したりする立場も加えて，データや情報の扱いについて多面的に検討する．

パソコンやインターネットの世界的普及に貢献したマイクロソフト社の副会長ブラッド・スミスは，このように語る[7]．

世界を変えるような技術を開発したのなら，
その結果として世界が抱えることになる問題についても，
開発の当事者として解決に手を貸す責任を負う．

---

[7] ブラッド・スミス，キャロル・アン・ブラウン(斎藤栄一郎訳)『Tools and Weapons ——テクノロジーの暴走を止めるのは誰か——』(プレジデント社，2020)

1.2.3 個人情報保護

　個人情報の不正持ち出しや不当利用を禁じる強制力を伴った規則が個人情報保護法[8]である．この法律の規制が及ぶ対象 (個人情報取扱事業者) は，企業だけでなく自治会や同窓会といった非営利組織も含んでいる．

(1) 個人情報の定義

　個人情報保護法では，**個人情報**を「生存する個人に関する情報であって，氏名や生年月日等により特定の個人を識別することができるもの」としている．

　注意してほしいのは，「氏名・住所・生年月日・性別」に限らず，他にも「特定の個人を識別することができる情報」であれば何でも個人情報に該当する．たとえば，人の容貌 (顔の画像など) や 12 桁の数字であるマイナンバーも，買い物履歴や行動履歴といったデータもそこから特定の個人を識別できればそれは個人情報である[9]．

(2) 4 つの基本ルール

　個人情報はその人自身のものであるから，本人以外が勝手に扱ってよいものではない．このため，個人情報保護法では，個人情報取扱事業者に対してルールを設けている．以下は，その中でも特に基本的なものである．

　① 取得・利用：目的を特定して通知・公表し，その範囲内で利用
　② 保管・管理：漏えい等が生じないよう，安全に管理
　③ 第三者提供：あらかじめ本人から同意
　④ 本人からの開示請求などへの対応

　これらに違反の場合は，政府の個人情報保護委員会からの勧告や命令を受けたり，刑罰を科されたりすることがある．

(3) 匿名加工情報

　個人情報の基本ルール「③ 第三者提供：あらかじめ本人から同意」にあるとおり，勝手に他人に渡したり見せたりしてはならない．それでも，個人情報は，

---

[8] 正式名称は，「個人情報の保護に関する法律」
[9] 極端な買い物 (高額な物，レアな品)，特異な行動 (たとえば，ある時期に世界一周旅行) などがあれば，そこから特定の個人が識別される可能性は高まる．

個人を特定しない統計処理など，適切に加工すればそこから知識や洞察を引き出せる可能性がある．

そこで，個人情報が復元されないよう「**匿名加工情報**」を作ればこれを第三者に利活用させてもよいという仕組みがある．その作成は，個人情報保護委員会が定める規律をもとに民間事業者が自主的なルールを策定して取り組むことが期待されている．たとえば，交通系 IC カード PiTaPa は，図 1.9 に示すように匿名加工情報の作成・提供について公表している．

図 **1.9** 匿名加工情報の例：PiTaPa
出所：株式会社スルッと KANSAI ウェブサイト
https://www.pitapa.com/misc/tokumei.html

コラム　統計法

　国の統計調査の秘密保護は，個人情報保護法ではなく統計法により守られている．

　第二次世界大戦下の日本では，国の統計データは気象情報同様に軍事上機密扱いとされ，戦中最後の大日本帝国統計年鑑 (1941 年刊) には，「防諜上取扱注意」と印刷されていた．しかし，当時のその品質は心もとなかったようだ．戦後，吉田茂総理の「統計がしっかりしていたら，もともと戦争もなかった」という言葉に日本占領軍マッカーサー司令官も納得したという．

　そのような反省に立って 1947 年に作られた統計法は，統計の真実性を確保するために，統計調査の秘密を守り，作成した統計は公表することなどが定められている．

(4)　個人データの越境移転

　ネット通販やソーシャルメディアなどのやりとりが海をまたいで行き交う今日，住所や顔写真といった個人情報も簡単に国境を越えて往き来している．上で見てきた個人情報を保護するルールはあくまで日本の法律に基づくものであって，日本のルールが世界中で通用するものではないということに注意が必要である[※10]．

　そのような中で，相手となる国や地域との間で個人情報の保護水準が同等であるとあらかじめ認め合うことで，安心して個人データを移転できる環境を作る取組みが行われている．たとえば，日本は欧州連合 (EU) との間でそのための枠組を 2019 年に発効している (図 1.10)．

　日本の個人情報保護法に対応するものとして，EU には「**一般データ保護規則**」(**GDPR**, General Data Protection Regulation)[※11]がある．日本の個人情報保護法は EU の GDPR と完全に一致しているものではないが，ギャップを縮めるための「補完的ルール」を設けている．なお，GDPR におけるいわゆる「**忘れられる権利**」[※12]は，日本の個人情報保護法には存在せず，補完的ルールでもそこまでは求められていない．

　この他に，「信頼性のある自由なデータ流通」(DFFT, Data Free Flow with

[※10] 日本の個人情報保護法では，その適用範囲として外国の事業者も含むことになっている．それでも，国外の者を相手にする場合は，手間や時間といったコストがかさんだり，国によっては政府が行う情報収集活動に協力義務を課す法制度に不透明さがあったりといった問題がある．

[※11] GDPR は，EU 加盟国 (2024 年 6 月現在 27 カ国) におけるデータ保護に関する法規制として適用．

[※12] 個人がプライバシーを守るために検索エンジン事業者などに対して自身のデータ削除を求める権利．

図 1.10 国をまたがるビジネスのために円滑な個人データ移転
出所：個人情報保護委員会ウェブサイト
https://www.ppc.go.jp/news/press/2018/20190122/

Trust) を実現するため，情報を取り扱った人や時刻，内容が改ざんされていないことを証明する電子署名やタイムスタンプ，e シールといったトラストサービスの整備が進められている．

1.2.4　情報セキュリティ

ここでは，個人情報の基本ルール「② 保管・管理：漏えい等が生じないよう，安全に管理」を掘り下げ，**情報セキュリティ**について見てみる．

情報化社会の生活や経済は，情報が使えなくなったり盗まれたりすれば，混乱に陥ってしまう．ATM から現金が引き出せなくなったり空港で搭乗手続ができなくなったりするシステム障害や，悪意をもつ者により個人情報や暗号資産（ビットコインなど）が盗まれたり (**不正アクセス**)，学校や病院のサーバの中身が人質に取られたり (ランサムウェア攻撃[13]) といった事件は，残念ながらしばしば起きている．

---

[13] 身代金 (ランサム) の支払いを要求する脅迫行為．

国際産業規格では，情報セキュリティを以下の3つの要素CIAで定義している[14]．そして，それぞれについて取るべき対策がある．

(1) 機密性 (Confidentiality)

機密性とは，アクセス権限をもたない「相手」(人間に限らず，機械の場合も) に情報が不用意に見られたり使われたりしないことである．

そのための対策として，情報にアクセスしてくる者が正当な相手がどうかを**認証**する方法として，**パスワード**を設けたり，ワンタイムパスワードや生体認証 (指紋や顔など) を併用したり (多要素認証)，パスキーを導入したりする．

情報自身を守るには，ファイルや通信回線を暗号化して，使用時に復号する．他にも，パソコンへのアンチウイルスソフト導入やソフトウェアのアップデートによりぜい弱性 (セキュリティホール) を埋めておくことも欠かせない．

対策は，機械系だけでなく，人間系にも注意が必要である．背後からの画面覗き見や，ウイルス付きメールの開封，なりすまし・詐欺行為 (ソーシャルエンジニアリング) にも気を付けなければならない．

(2) 完全性 (Integrity)

完全性とは，情報が不用意に書き換えられないようすることである．

そのための対策として，データ (ファイル) の扱いの「読取不可」や「読取のみ」，「書込可」を相手によって使い分ける権限管理 (アクセス制御) をしておくべきである．また，データが改ざんされていないことを検証する手段として**電子署名**やハッシュ値が用いられる．法律や政令などを公布する国の公報「官報」も，完全性を示すため電子署名を用いて内容が書き換えられていないことを検証できるようになっている (図1.11)．

(3) 可用性 (Availability)

可用性とは，情報が使えること (サービスが止まらないこと) である．

そのためには，電源や記録装置など情報システムを二重化 (冗長化) したり，稼働率や通信回線速度などのサービスレベルが保証されたクラウドを利用した

---

[14] ISO/IEC 27000 及び JIS Q 27000 情報セキュリティマネジメントシステム (ISMS, Information Security Management System) の定義に基づく．米国の中央情報局 (Central Intelligence Agency) の CIA と同じなのは偶然であり，両者は異なるものである．

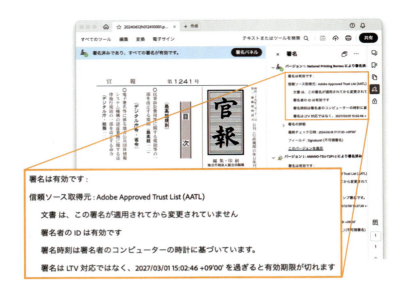

図 1.11　「官報」[※15]の電子署名

りするといった対策がある．集中的なアクセスが発生してサービスが使えなくなる事態に対して防御策を講じることもおこなわれる．悪意のある者により意図的にアクセスを集中させる事態を特に DoS (Denial of Service, サービス拒否) 攻撃という．

1.2.5　情報の適正な利用

情報を取り扱うとき，セキュリティを考慮するだけでなく，それを人類の知的創造活動の成果として尊重することも必要である．

知的財産としての情報には，特許 (発明) や意匠 (デザイン)，肖像権などいくつかの枠組があるが，ここでは著作物に伴って留意すべき著作権について説明する．

(1)　著作物の適切な取り扱い

著作物は，音楽や動画といったエンタメものや，写真や書籍などに限ったものではない．あなたが学校でレポートや論文を書けば，それはあなたの著作物

[※15] 国立印刷局ウェブサイト「インターネット版 官報」
　　　https://kanpou.npb.go.jp

である※16.

著作物に伴って発生する**著作権**とは，他人が「無断で○○すること」を止めることができる権利である．大きく分けて，著作者の精神的利益を守る著作者人格権と，財産的利益を守る財産権の2つで構成される※17(表 1.1)．

表 1.1 著作権の構成

著作者人格権	公表権，氏名表示権，同一性保持権
財産権	複製権，上演権，公衆送信権，譲渡権，翻案権，二次的著作物の利用に関する原著作者の権利 他

たとえば論文のコンテストに応募する場合，主催者は，優秀論文の公表や氏名の表示といった著作権の扱いについて(さらに個人情報の扱いについても)要項を設けているはずである．他人が作成した音楽や動画を許可なくコピーしたりネット投稿することは，複製権や公衆送信権に抵触する(その著作者が人気アイドルではなく素人であっても)．漫画作品をテレビドラマ化しようとする脚本家や演出家は，その著作者である漫画家の翻案権を尊重しなければならない．

一方で，著作物が広く他人に使われることを望む著作者もいる．たとえば，インターネット上には，"著作権フリー"のイラストや音源が数多く存在している．だからといって，人々は，それらを自由に使ってよいのだろうか．たとえば「かわいいフリー素材集 いらすとや」の「ご利用について」から，著作権に関する説明を見てみよう※18.

図 1.12 著作権フリーをうたう著作物の例
© いらすとや みふねたかし

※16 著作権は，一般に著作物を創作した時点で自動的に発生し，取得手続を必要としない．この点は，登録することによって権利の発生する特許権や実用新案権などの産業財産権と異なっている．
※17 正式には，著作権法第17条は「著作者の権利＝著作者人格権＋著作権」と大別しているが，本書では理解を容易にするために，一般的によく見られる「著作権＝著作者人格権＋財産権」としている．
※18 https://www.irasutoya.com/p/terms.html には，たとえば「商用目的の場合，1つの作品物の中に20点を超える利用がある場合は有償となる．」といった規約条件も書かれていることに注意(2024年6月閲覧)．

> 当サイトの素材は無料でお使い頂けますが，著作権は放棄しておりません．全ての素材の著作権は私みふねたかしが所有します．
> 素材は規約の範囲内であれば自由に編集や加工をすることができます．ただし加工の有無，または加工の多少で著作権の譲渡や移動はありません．

いらすとやのみふねたかし氏は，この中のはじめの2つの文で著作権を放棄していないことを主張している．ただ，氏名表示権を利用者に求めてはいないので，使用に当たって出典表記は必要ない．とはいえ，使用者は著作者に対して敬意を払うべきことは言うまでもなく，出典を明記することは著作者の労に報いるものであることは心に留めておくべきである．

著作物が自由に使える例外として，私的使用のための複製や引用などは認められる[※19]．引用の場合，自分の考えを補強するなどの目的のために行い，その利用は最小限に留めるべきである．また，引用部分とそれ以外の部分の「主従関係」が明確になっていなければならない (そうでなければ，盗用を疑われることにもなる)．

なお，著作権上の扱いには問題がなくとも，当初の目的とは異なる形で (悪用)，あるいは正当な理由のない状態で (濫用)，使われるべきではない．

コラム　クリエイティブ・コモンズ・ライセンス

「クリエイティブ・コモンズ・ライセンス」(CC ライセンス) のロゴが付された著作物であれば，比較的自由に扱うことができる．その場合であっても，その情報に記されている原作者に関するクレジット (名前，作品名，出典など) の明記といった規約は守らねばならない．

表示 − 非営利 − 継承
原作者のクレジット (氏名，作品タイトルなど) を表示し，かつ非営利目的に限り，また改変を行った際には元の作品と同じ組み合わせの CC ライセンスで公開することを主な条件に，改変したり再配布したりすることができる CC ライセンス．

図 1.13　CC ライセンスの一例
出所：https://creativecommons.jp/licenses/

[※19] 私的な視聴や複製でも，違法コンテンツ (海賊版) と知りながらのものは刑罰対象になることに注意．

(2) 情報の不正行為

　情報の**盗用**や**捏造** (本当はないことをあたかも事実としてあるかのように情報を作ること)・**改ざん** (文字や記録を書き換えること) といったことは慎むべきである.

　このようなことは, 悪意をもった外部の者によっておこなわれるだけでなく, 自ら (個人やグループ, 組織の中で) そのような不正行為に手を染めてしまうこともある. その背景には, 守らなければならない期限や基準といった制約や圧力, また, 異なる立場の者との利害関係の衝突によって, 追い込まれてしまうということも考えられる.

　学生にとっても, レポート提出や試験対策などで, 計画的な取り組みと勤勉さが必要である.

1.2.6　情報利用の死角

(1)　情報の品質

　情報やデータを, どのような目的のために, どのように利用するのか. このことは, 個人情報の基本ルール「① 取得・利用:目的を特定して通知・公表し, その範囲内で利用」でも言われていたが, 研究や意思決定をおこなうときでも有効である.

　まず, 使おうとしている情報の利用目的を明確化すべきである. そのうえで, その目的を実現するためにデータの作成や収集, 分析をおこなうことになるが, その際, 情報の品質に注意する. そこでは, 利用しようとする情報ソース (一次情報) までさかのぼり, そこにあるデータの作成過程 (メタデータ) を理解することを, 学生のうちに習慣付けることが肝要である.

　たとえば, 統計調査の場合, データの数字を拾うだけでなく, 原典 (公式ウェブサイトが掲載する公表資料原本や報告書) を一度は直接訪ねてみて, 標本設計 (サンプリング・デザイン) や調査票様式 (質問文) も確認すべきである.

　政府の公的統計や大学・研究機関の社会調査は, 多くの場合, 統計表だけではなく関連資料も収録しており, データ作成過程の検証材料を提供している. 一方で, 企業広報や商品宣伝で引き合いに出されるようなアンケートでは, その

26   第1章　現代社会におけるデータサイエンス

ような資料を探すことは簡単でないことが多い.

　データの内容を確認せずに利用することは，間違った結論を導き出したり，後になってからの手戻りになってしまったりなど，災いの元になる.

(2)　偽情報・フェイクニュース

　ソーシャルメディアでは，ページビューを稼ぐことで金儲けができることから，信ぴょう性を伴わない極端な情報や過激な写真で人目を惹こうとするアテンションエコノミーが過熱している.

　そのため，事実に基づかないフェイクニュースやニセ広告の蔓延は，世界的な問題になっている. 生成AIの発達により，著名人の容貌を借りたウソ動画といったディープフェイクの作成はますます容易になってきている.

　厄介なことに，行動履歴というログデータに基づくフィードバックは，ユーザが見たいものをレコメンドするという増幅効果をもち，ともすれば，社会を分断して，島宇宙化させる (フィルターバブル). 極端な場合，現実から遊離した陰謀論の虜になってしまう.

　フェイクニュースは，それ自体を見ているだけでは真偽を判断することはできない. 情報リテラシーのお作法として，「裏取り」の方法を会得すべきである. たとえば，情報の出所をたどったり，当の本人や組織が直接発信している公式情報といった一次情報を怠りなくチェックすることはできるはずである.

(3)　データバイアス

　データ原典や情報出所をたどるときに，データが目的としている「理想の」集団とデータが収集される「現実の」集団との間にギャップがないか，という点にも注意してほしい. そのギャップは，気が付かないうちにデータバイアス (偏り) を生み出す恐れがある.

　たとえば，自動車の衝突安全性能試験や医薬品の効能・副作用に関する治験が，適切な手順で不正なくおこなわれていたとしても，その対象が男性中心におこなわれていたということが近年のジェンダー研究によって明らかになってきている. 悪意はなくとも無意識の偏り (**アンコンシャス・バイアス**) をもったデータや分析が女性に怪我や病気のリスクをもたらし社会的な格差を生じさせ

ていると指摘されている[20].

　データバイアスは，性別の他にも学歴や職業などでも起こりうるものである．
特に，人間の顔に関する画像認識については，その精度は人種によってばらつき
が見られ，マイノリティの者に対して誤りが多いことが指摘された．このよう
なデータバイアスは差別や偏見にもつながるおそれもあり，注意が必要である．

1.2.7　AI社会の論点

(1)　生成AI時代の大学での学び方

　ChatGPTが2022年11月にリリースされて以来，生成AI (Generative AI)
は，多方面に大きな波紋を広げた．

　学生は，レポート作文やプログラミング課題をたちどころに出力してくれる
生成AIを歓迎したかもしれない．教育関係者にも衝撃的なものであった．生成
AIは，これからの時代にとって有用であることは間違いない．しかし，これは
パーフェクトなものではなく，リスクを理解しながら付き合っていくべきもの
という認識が急速に共有された[21]．その結果，多くの大学で，自校の学生に対
して，生成AIを使った学び方に関するガイドラインを設けるようになった．

　ここで本書の読者は，自分が在籍する大学や学校のウェブサイトを検索して
自校の生成AIの利用ガイドラインを調べてみよう．そこに自校の特徴が表れて
いるかにも注目してみよう．

(2)　AIに対する入力 —— 機密漏えいに注意

　AIには，学習モデルを作り上げるために，データを大量に入力する必要があ
る．そのデータが，目的や状況にふさわしいものか，対象となる人・状況に対
して偏ったものになっていないか，情報の品質やバイアスに注意が必要である
ことは，AIの場合でも同じである．

　生成AIの場合，プロンプトに入力する指示の文言，それ自体が学習データと
して取り込まれてしまう可能性があることに気を付けなければならない．他者

---

[20] 参照：キャロライン・クリアド＝ペレス (神崎朗子訳)『存在しない女たち』(河出書房新社，
2020) (原題 *Invisible Women*)

[21] AIからの出力は，下書きとして役に立つかもしれないが，後述するように誤りや幻覚が含ま
れているおそれがある．これをどう活かすか (間違いを起こさないか) は，使う人次第である．

が入力した機微な個人情報や企業秘密扱いのプログラムコードが ChatGPT から出力されたという事例が実際にいくつも報告されている.

そのための解決策として「入力した内容を学習に使わせない」というオプトアウトに関する設定や契約も有用であるが,はじめから機密を外に出さないようにしておくことが一番の対策である.

(3)　AI からの出力 —— 採用判断は人間

生体認識をおこなう AI の中には感情分析システムというものがある.これはたとえば,カメラに写った人の顔画像を入力として,その表情に応じて「幸せ」や「悲しみ」,「怒り」,「驚き」などの「感情」を出力するものである.

このシステムは,人々の顔の写真を大量に AI へ事前学習させ,表情のパターンを分類する訓練,検証を重ねて,「感情」を推測し出力するものである.しかし,システムが出力する「感情」はいくらそれがもっともらしく思えたとしても,カメラの前にいる人に共感していたり同情を表したりするものではない,ということに注意が必要である.

このような出力をどれだけ信用するかは,AI を使う目的や用途によって変化するだろう.感情分析なら,たとえば,お店のショーウィンドウを眺める買い物客の表情から統計的な傾向を把握する用途には役に立つかもしれない.一方で,お客さま相談窓口のような場面では,相談を寄せてくる客の対応を機械に任せきりすることはできないだろう.

人間に限らず,状況が多様であり変化に富む場合には,AI を使用する結果がもたらす影響度に応じて人間が責任を持って向かい合うべきこともある.

AI からの出力をどのように採用するかどうか.その判断は人間がすべきものである.

(4)　現実化するハルシネーション

生成 AI にも,その出力にバイアスがある.たとえば,国連教育科学文化機関 UNESCO 他[22]は,オープン AI の ChatGPT やメタの Llama2 について以下

---

[22] UNESCO, IRCAI (2024). "Challenging systematic prejudices: an Investigation into Bias Against Women and Girls in Large Language Models".
https://www.unesco.org/en/articles/generative-ai-unesco-study-reveals-alarming-evidence-regressive-gender-stereotypes

のように述べている (筆者翻訳).

> 以前から指摘のあるバイアスは今も現れている. たとえば, 女性
> 名は「家庭」,「家族」,「こども」, 男性名は「仕事」,「重役」,「給
> 料」,「職歴」というように性別に関連した名前を伝統的な役割と
> 関連付ける傾向が有意に強かった.

　バイアスに加えて, 生成 AI の出力で注意が必要なのは幻覚 (ハルシネーショ
ン) である. 学習過程での情報混同により,「不正確さ」では収まらないような,
事実に反する情報, 実在しない情報を出力してしまうことがある.

　ここで本書の読者は, 自分が在籍する大学について「○○大学は学生に対し
て生成 AI をどう使うように言っていますか?」という質問を生成 AI に入力し
てほしい.

　「(1) 生成 AI 時代の大学での学び方」(p.27) のところで検索して調べた実際
のガイドラインに対して, 生成 AI はそこにはない行為を奨励したり禁止したり
するような出力をしてはいないだろうか (極端な場合, 別大学のサイトを出典と
してリンクを貼って説明を出力してくる場合もある)[23].

　AI 出力によるハルシネーションを人間が真に受ける事件も報じられている.
チャットの出力に触発されて, 自らの命を絶ったり[24]イギリス女王の暗殺を企
てたり[25]することが, 幻覚ではなく現実として起きている.

　なお, 人間が語る言葉も, 間違いはあるしウソをつくこともあるので, 人間と
AI と, どっちもどっちもな面はある. それでも, ものごとの責任を負うのは,
人間のほうである. AI に責任を取らせることはできない.

---

[23] 一方で, ガイドラインを上手に要約した (原文よりも読みやすい) 説明を生成 AI は出力する
　　こともある.

[24] 参考: "Sans ces conversations avec le chatbot Eliza, mon mari serait toujours là"
　　("イライザボットとのチャットがなければ, 今日も夫は生きていたはず (原文訳)")
　　2023.03.28
　　https://www.lalibre.be/belgique/societe/2023/03/28/sans-ces-
　　conversations-avec-le-chatbot-eliza-mon-mari-serait-toujours-la-
　　LVSLWPC5WRDX7J2RCHNWPDST24/

[25] 参考:「英女王暗殺計画、AI チャットボットが犯人を『鼓舞』するまで」BBC NEWS JAPAN,
　　2023.10.10
　　https://www.bbc.com/japanese/features-and-analysis-67063209

30 第1章 現代社会におけるデータサイエンス

(5) 人間中心の AI 社会に向けて

人類は AI をどのように取り扱うべきか.

EU は, 2024 年に AI を包括的に規制する法律 (AI 法)[26]を世界で初めて採択した. この法律は, 域内で AI サービスを提供する域外企業も適用対象としており, EU 外の企業にとっても (日本の企業も) 無関係ではない.

EU の AI 法の特徴として, 社会に危害を及ぼすリスクが高いほど規則を厳しくする「リスクベース」のアプローチをとっている. 具体的には, 以下のように段階を設けている.

① 禁止される AI システム:ソーシャルスコアリングシステム[27], 予測的取締りシステム などは禁止

② ハイリスク AI システム: 生体認証・分類, 重要インフラの管理・運営 (道路交通, 水・ガス・電気等) などのシステムの場合, 透明性や人的監視などを義務付け

③ 特定 AI システム:「自然人とやりとりするシステム」の場合はやりとりの相手が人間ではなく AI であることを使用者に知らせること,「感情認識システム」の場合はそのようなシステムが用いられていることを使用者に知らせること, などを義務付け

④ 汎用 AI (含む 生成 AI):システミックリスクを伴うものなどの分類に応じての対応を義務付け

このような構えの EU の AI 法であるが, 軍事・防衛目的に使用されるシステムなどは適用除外としている.

2023 年にはじまったイスラエルによるパレスチナガザ地区侵攻では, 人間の犠牲を理解することのない AI 兵器が投入されているという報道がある. 同年末の国連総会は, 事務総長に対して, 自律型致死兵器システム (LAWS, Lethal Autonomous Weapons Systems) に関する加盟国の見解をまとめた報告書を提

---

[26] 日本には, 本書執筆時点で個人情報保護法や著作権法はあるものの, AI を強制力を伴って規制する法律 (ハードロー) は国会で作られてはいない. なお, 強制力を伴わないソフトローとして総務省・経済産業省による「AI 事業者ガイドライン」が 2024 年に策定された.

[27] 当事者にとって不利な決定を与えかねない評価を, 本来関連性のない社会的活動記録を基にスコア化して決定する AI システム. たとえば, 内定辞退確率.

出するよう求める決議をおこなった．

人類史上初めて原子爆弾が投下された都市ではじまった広島 AI プロセスからも，人類の英知は試されている．

1.3 データ分析のためのデータの取得と管理

1.3.1 データ分析の対象や目的の設定

データを分析するプロセスはおおまかに「課題やデータを見つける」，「データを解析する」，「解析結果を利用する」からなる．最初に分析のためのデータが必要であるが，このデータを「見つける」能力を身につけるにはデータ分析の経験が必要であり，課題に基づいて最適なデータを収集し適切な分析手法を選択する能力が求められる．データ分析の初心者は，自分で対象を観察してデータを収集したり，インターネットで提供されるデータを利用したりするところからはじめるのがよい．

自分でデータを収集するためには，まず対象を観察し，データを記録するというプロセスを経る．データの対象として，たとえば交通量や野鳥の数，気温，湿度などがある．対象を漠然と観測するだけでは不十分で，ノートとペンを使って記録したり，パソコンやスマートフォンなどに記録したりする．ノートに書かれたデータはアナログ

図 1.14 データを記録する

データとよばれ，ノートパソコンなどに記録して，デジタルデータに変換することで，保存や分析を柔軟に行うことができる．

データの保存にはノートパソコンやスマートフォンが用いられるが，**クラウド**とよばれるインターネット上にデータを保存する方法も用いられることが多くなっている．たとえば，IoT デバイスからデータを取得・利用する際に，クラウド上にデータを直接記録する方法が用いられる．農業で IoT デバイスを用いる場合，さまざまなセンサーを用いて，定期的・継続的に温度，湿度，日照量，用いる水量などを観測する．このようなデータはパソコンを用いて記録するよ

りも，クラウド上でデータを記録・管理するほうが便利であり，信頼性も高い．また，IoT デバイスの設置現場でデータを活用するエッジコンピューティングも注目されている．

1.3.2　データの形

デジタルデータは，マイクロソフト社の表計算ソフトウェア Excel では**リスト**(表 1.2) や表 (図 1.15) といった形式で扱われる．また R や Python などのデータ分析プログラミングでは**データフレーム**とよばれる，表形式に準ずるデータ形式が用いられる (図 1.16)．

表 1.2　ある温泉の入場者数リスト

曜日	月	火	水	木	金	土	日
入場者数	90	0	112	81	100	89	73

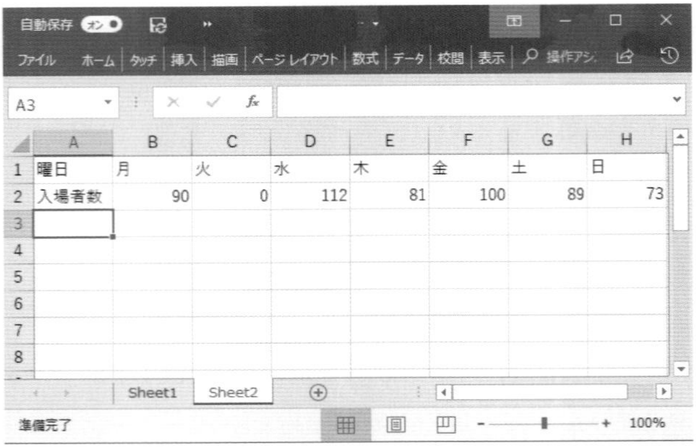

図 1.15　Excel 表のイメージ

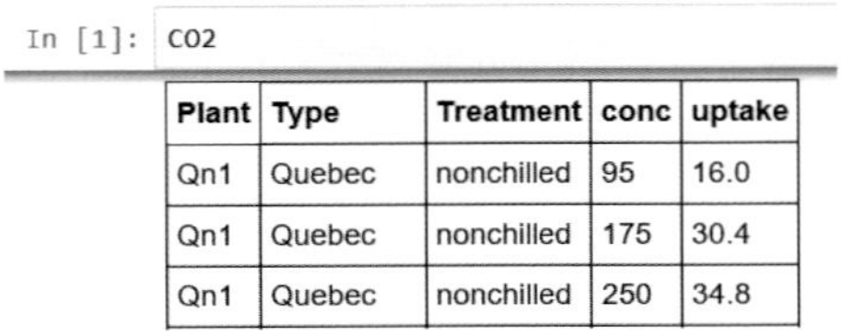

```
In [1]: CO2
```

Plant	Type	Treatment	conc	uptake
Qn1	Quebec	nonchilled	95	16.0
Qn1	Quebec	nonchilled	175	30.4
Qn1	Quebec	nonchilled	250	34.8

図 1.16　データフレーム (二酸化炭素の年間排出量)

リストは同じ形式 (数字や文字など) のデータの集まり，表はリストの集まりである．数学的に例えると，リストはベクトル，表は行列に対応する．データサイエンスの最新の手法である機械学習や深層学習では行列を用いた表現が多く用いられる．

プログラミングの世界では，データは配列やデータフレームという形で表現される．これらの表現をプログラミングとあわせて学び，場合に応じて使いこなせるようになることが望ましい．図 1.16 は統計解析言語 R に組み込まれている二酸化炭素排出量のデータ CO_2 のデータフレーム表現である．各列はそれぞれデータの項目を表し，1 行目に項目名が，2 行目以降に値が格納される．

1.3.3　データの容量

データの容量を表す単位には，最小単位の**ビット** (bit) と基本単位の**バイト** (byte) がある．1 ビット (1 bit) は 1 桁の 2 進数 (0 か 1 か) を使って表すことのできる情報の量であり，1 バイト = 8 ビットである．1 バイトは 1 B とも表す．デジタルデータでは半角文字の 1 文字が 1 バイトで表現される．漢字や画像，音声データもデジタルデータの容量はすべてバイトまたはビットで表される．

大きなデータの容量はキロやメガなどの接頭辞を用いて表す．1 キロバイト $= 10^3$ バイト[※28]，1 メガバイト $= 10^3$ キロバイト というようにデータのサイズは大きくなり，同様にしてギガバイト，テラバイト，ペタバイト，エクサバイト，ゼタバイト，ヨタバイトと続く (表 1.3)．

実際のデータとの対比でデータのサイズを説明する．1 メガ (100 万) バイトはデジタルカメラやスマートフォンで撮影した写真 1 枚程度のサイズである．1 ギガ (10 億) バイトは 1 本の映画の動画ファイルのサイズ，1 テラ (1 兆) バイトは PC のハードディスクのサイズ，そしてビッグデータ級のサイズとなるのが 1 ペタバイト以上である．商用の巨大サーバのサイズはペタ級であり，1 日あたりの全世界のデータ流通量は 10 エクサバイト程度である．また 2020 年の全世界のデジタルデータの総量は 59 ゼタバイト程度といわれている．ビッグデータの実量は計測するのが難しく，またデータ量が日々増加しているため，上記のサイズはおおまかな値であることに注意してほしい．

[※28] $2^{10} (= 1024)$ が 10^3 に近いことから，情報の分野では 2^{10} をキロとよぶこともある．

34 第1章 現代社会におけるデータサイエンス

表 1.3 データの単位表示[29]

単位記号	10^n B	容量の目安
MB (メガバイト)	10^6 B	デジタルカメラで撮影した写真1枚
GB (ギガバイト)	10^9 B	映画1本
TB (テラバイト)	10^{12} B	PC のハードディスク
PB (ペタバイト)	10^{15} B	商用巨大サーバ
EB (エクサバイト)	10^{18} B	1日あたりの全世界のデータ流通量
ZB (ゼタバイト)	10^{21} B	全世界のデータ量 (2020)
YB (ヨタバイト)	10^{24} B	
RB (ロナバイト)	10^{27} B	
QB (クエタバイト)	10^{30} B	

1.3.4 大規模なデータの利用

データの量が増えてくるとコンピュータ上でのデータ管理が面倒になる。データ量の問題だけでなく、さまざまな性質のデータを扱う必要も生じてくる。このような場合、データベース管理システムを使うことで、大規模なデータの管理が容易となる。代表的なものが **RDB (関係型データベース)** である。RDB では、データ構造は表形式として扱われ、複数の表間で関係する要素の結合や参照が行われる。RDB では複数の表から新しい表を作り、分析することもできる (図 1.17)。複数の表間で関係する要素は、キーとよばれるもので関連付けられ、キーを使って複数の表から新しい表を作成することができる。**SQL** とよばれる標準的なデータ問い合わせ言語でこのような処理やデータ検索ができる。SQL はデータの操作や定義を行うように設計されており、Python など他の言語からも利用できる。

これまではデータベースシステムとして RDB とその問い合わせ言語である SQL が一般的に用いられていたが、最近はビッグデータの利用が増え、新しいデータベースシステムが使われるようになっている。また、クラウド上でデータベースを利用する例も増えている。以前は、データベース管理システムを利用するためには、専用のサーバコンピュータが必要であったが、クラウド上のデータベースを使うことで、安価かつ簡単にデータベース管理システムを利用できるようになった。

---

[29] 2022 年の国際度量衡総会で新たに「ロナ」、「クエタ」などが採択された。

1.3 データ分析のためのデータの取得と管理

取引記録の表　　関係づけ　　商品リストの表

取引番号	顧客ID	商品コード	個数
10001	C0101	X-03	1
10002	C0101	X-02	2
10003	C0101	X-01	1
10004	C0200	Y-15	3
10005	C0001	A-20	1
10006	C0002	X-02	5

商品コード	商品名	単価
A-20	バーコードリーダ	15000
X-01	VGAケーブル	1000
X-02	DVIケーブル	1000
X-03	HDMIケーブル	3000
Y-15	CD-RW	500

取引番号	顧客ID	商品コード	商品名	単価	個数	総額
10001	C0101	X-03	HDMIケーブル	3000	1	3000
10002	C0101	X-02	DVIケーブル	1000	2	2000
10003	C0101	X-01	VGAケーブル	1000	1	1000
10004	C0200	Y-15	CD-RW	500	3	1500
10005	C0001	A-20	バーコードリーダ	15000	1	15000
10006	C0002	X-02	DVIケーブル	1000	5	5000

図 1.17 複数の表から新しい表を作成する

ビッグデータを扱うために **NoSQL** とよばれるデータベースがしばしば使われる．図 1.18 は NoSQL の 1 つであるグラフ型データベースのデータ構造を表現したものであり，データ間の関係を直感的に理解できるようになっている．

ペタバイト級のデータ処理に対応している **Hadoop** や Spark といった大規模データの分散処理技術もあわせて利用される．Hadoop では HDFS (Hadoop Distributed File System) とよばれるファイルシステムが用いられており，ファイルを分割して複数のコンピュータで管理することでペタバイト級のデータを処理できる．

図 1.18 グラフ型データベース

1.3.5 データの取得方法

インターネットからのデータ入手方法として，日本政府が提供している統計の総合窓口である **e-Stat**（イースタット）[30]と官民ビッグデータ利用を目指したサービスである **RESAS**（リーサス）[31]を説明する．また，インターネット上のデータを利用するための方法をいくつか紹介する．

e-Stat は政府統計の総合窓口であり，さまざまな統計データが Excel ファイル，CSV ファイル[32]，データベース，さらに他のアプリケーションから呼び出すための API の形で利用できる．たとえば都道府県別人口などである．また国立社会保障・人口問題研究所のホームページからは『日本の地域別将来推計人口 (令和 5 年推計)』の「全都道府県・市区町村別の男女・年齢 (5 歳) 階級別の推計結果 (一覧表)」がダウンロード可能である[33]．図 1.19 は同データを用いて，長崎市 2030 年予測人口の人口ピラミッドを作成した例である．同データは 2020 年から 45 年までの 5 年ごとの人口を，都道府県別，市町村別で予測したものであり，自治体の将来の人口規模，経済規模を考えるにあたり，有用である．

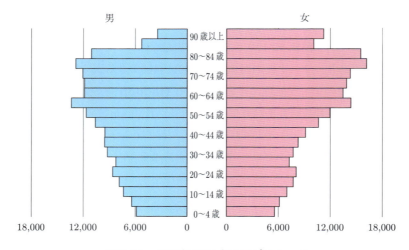

図 **1.19** 長崎市 2030 年人口ピラミッド

---

[30] e-Stat 政府統計の総合窓口：https://www.e-stat.go.jp/
[31] RESAS 地域経済分析システム：https://resas.go.jp/
[32] Comma-Separated Values．項目をカンマで区切って記録したファイル．
[33] 『日本の地域別将来推計人口 (令和 5 (2023) 年推計)』：
https://www.ipss.go.jp/pp-shicyoson/j/shicyoson23/t-page.asp

RESAS は官民ビッグデータを提供する地域経済分析のためのウェブシステムであり，内閣府が管轄し，多くの省庁といくつかの企業がデータを提供している．産業構造や人口動態などのデータを集約し，サイト内でグラフなどを使って容易にデータを可視化できる．RESAS ではユーザ登録の必要はなく，誰でも利用できる (利用方法についてはガイドブックなどを参照)[※34]．

図 1.20 は栃木県の農業経営者の年齢構成図 (2015, 2020 年) の比較である．データの出典は農林水産省「農林業センサス」であり，RESAS 上でデータを加工したものである．

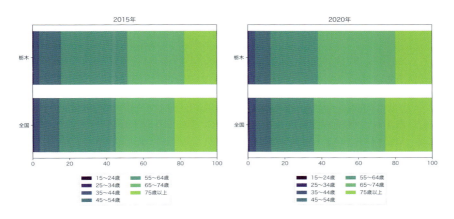

図 1.20 栃木県の農業経営者の年齢構成図 (2015, 2020 年) の比較

インターネットで利用可能なデータとして株価の推移などの金融データや，データ分析コンペサイトで提供されるコンペ用のデータなどがある．主なコンペサイトには米国の Kaggle[※35]，日本の SIGNATE[※36] などがある．

Yahoo!ファイナンスなどで提供される株価データは，ブラウザから直接データをコピーして用いることができる．ウェブページは HTML (ウェブページを作成するためのマークアップ言語) という形式で管理・記述されていることが多く，Excel の表に近い構造を表現できる．そのためブラウザから直接，Excel にデータをコピーすることが可能である．また Excel ファイルや CSV ファイルを

[※34] たとえば，日経ビッグデータ，『RESAS の教科書』(日経 BP 社, 2016)
[※35] Kaggle：https://www.kaggle.com/
[※36] SIGNATE Data Science Competition：https://signate.jp/

38 第1章 現代社会におけるデータサイエンス

ダウンロードすることが可能なサイトもある．CSV 形式のファイルはテキスト
データであり，他のソフトウェアからも使いやすい．

　グーグルマップのリアルタイム検索では，アプリケーションを作成しやすくす
るため API とよばれるライブラリ呼び出し方法が提供されている．また Python
などのプログラムを用いて，直接インターネットからデータを取得することもでき
る．この技術を**ウェブクローリング**，あるいは**ウェブスクレイピング**とよぶ．大
まかに説明すれば，クローリングは複数のウェブサイトから HTML の構造をもつ
データを探す技術であり，スクレイピングは必要なデータを取得する技術である．

　近年，データの利活用を促進するために，データを誰でも利用できる形で公
開する動きが加速している．このようなデータを**オープンデータ**とよぶ．オー
プンデータは，CSV 形式などプログラミングで処理しやすい形式を持ち，自由
に再利用できるようになっている．e-Stat のデータやグーグルの公開している
データはオープンデータである．データの利活用の促進のためには，決まった
形式で書かれた**機械判読可能**な (プログラムでの読み取りが容易な) データを提
供することが重要である．

1.3.6　データの前処理

　実際にデータ分析をはじめると，データが欠損あるいは欠測していたり，異
常な値があったりといった問題にぶつかる．これらは統計的な分析をするため
に，解決しておかなければならない問題である．**欠損値** (欠測値) は「値がない
状態」，**異常値**は「ありえない値」を指す．明らかな異常と判定できなくても，
他の値から大きく離れた値は**外れ値**とよばれる．外れ値は慎重に扱う必要があ
る．欠損値も欠損の理由がさまざまであり，慎重に扱う必要がある．異常な値
があれば，その値の修正が可能かどうか，もし修正できない場合は取り除くこ
とが可能かどうかを検討する必要がある．また，欠損がある場合はその値を補
間できるかどうか，または取り除くかを検討する必要がある．

　表 1.2 では温泉は火曜日が休館日であるため，入場者数は 0 と記録されてい
る．入場者数の平均値を求める場合は，休館日の値を 0 とするかしないかで値
が変わってくる．またこの温泉の 1 日の入場者数が 100 万人であるという記録
があれば，この値は明らかに異常な値であり，修正が必要である．

データの重複や誤記，表記の揺れなどもデータの前処理の対象となる．たとえば，斎藤 (さいとう) の「斎 (さい)」の字には他に 30 種類を超える漢字が使われている (図 1.21)．名簿の登録時に間違って別の漢字で登録した場合，複数の保存場所 (レコードなどとよばれる) に同じ人間のデータが存在することになってしまう．そのため同じ人間のレコードをまとめる名寄せとよばれる作業が発生する．このようなデータの不整合性に対する対処を**データクレンジング**とよぶ．

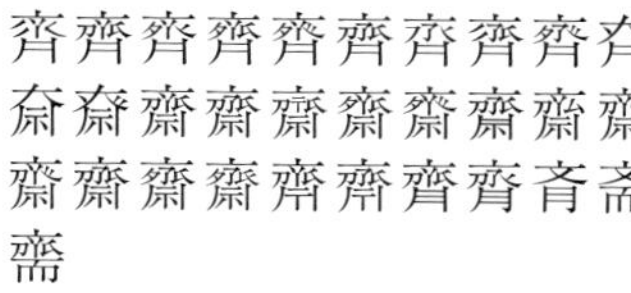

齊齊齊齊齊齊齊齊齊斉斎斎齋齋齋齋齋齋齋齋齋齋齋齋齋齋齊齊斉斎斎

図 1.21　「斎」の異体字

国民年金記録や各種の健康保険データで同じ人間が複数の住所や名前で登録されている例がしばしば見られる．全角文字と半角文字の違いや，空白文字や区切り記号の有無などが主な原因である．その他，データの匿名化など個人情報への配慮も重要な前処理である．

第 2 章

データ分析の基礎

　本章では，データを図で可視化する方法と，数値で表現する方法を紹介する．ヒストグラム・箱ひげ図・散布図は，数値データを図で表す．大量のデータも図で表せば，目で見て直感的にデータの傾向や特性が把握できる．次に，平均値・分散・標準偏差・相関係数などの数値指標の計算法とその解釈の仕方を紹介する．データを少数の値で表せば，傾向を定量化できる．複数の量の間の関係を数式で表し，図示する回帰直線についても説明する．

　また，データの取り扱いにはさまざまな注意が必要になる．そこで本章の最後では，データの分析で注意すべき点についても説明する．

　表 2.1 は長崎市の 1990 年から 2019 年の各年 10 月 1 日の 30 年間の最低気温である．データは気象庁のウェブサイト[1]から取得した．この表から 10 月 1 日の気温についてどんな傾向が読み取れるだろうか．それは他の日と比較しなければわからない．表 2.2 は長崎市の同じ期間の 12 月 1 日の最低気温である．この 2 つの表を比べると何がわかるだろうか．10 月 1 日より 12 月 1 日のほうが全体に気温が低そうに見える．しかし，それは本当だろうか．また，そうだとしてそれはどの程度だろうか．

　実世界にはさまざまなデータがある．多くの場合，実際のデータは膨大すぎて，全貌を把握できない．表 2.1 と表 2.2 はそれぞれたった 30 個の気温を含むだけのデータだが，それでも把握して比較するのは容易ではない．データを把握できなければ，有効に活用できない．そこで，データを分析し，活用するた

---

[1] http://www.data.jma.go.jp/gmd/risk/obsdl/index.php

表 2.1 長崎市の 1990 年から 2019 年の 10 月 1 日の最低気温 (℃)

1990	1991	1992	1993	1994	1995	1996	1997	1998	1999
19.9	19.8	16.6	13.0	17.0	20.2	18.6	16.2	21.9	21.4
2000	2001	2002	2003	2004	2005	2006	2007	2008	2009
20.6	20.9	17.8	15.6	18.6	22.6	20.1	21.2	20.6	21.5
2010	2011	2012	2013	2014	2015	2016	2017	2018	2019
18.0	17.8	16.1	18.4	20.3	20.0	24.1	16.7	19.5	23.1

表 2.2 長崎市の 1990 年から 2019 年の 12 月 1 日の最低気温 (℃)

1990	1991	1992	1993	1994	1995	1996	1997	1998	1999
8.5	9.0	10.6	10.6	10.6	7.6	1.6	10.8	10.3	5.6
2000	2001	2002	2003	2004	2005	2006	2007	2008	2009
8.9	6.8	7.9	12.3	6.8	7.3	6.0	5.9	3.7	9.3
2010	2011	2012	2013	2014	2015	2016	2017	2018	2019
9.4	12.4	6.7	7.1	6.7	7.7	10.6	4.4	11.4	11.7

めに，データを直感的に把握する方法が必要となる．データを直感的に把握するためのさまざまな方法が開発されているが，その中でも基本的で有用な方法を本章では紹介する．

2.1　ヒストグラム・箱ひげ図・平均値と分散

2.1.1　ヒストグラム

　データサイエンスでは個数や長さのようなデータも，性別や生物の種のようなデータも扱う．個数や長さのような数量 (10 個，25 cm) を表すものを**量的データ**，性別や生物の種のような数量ではない分類項目 (女，ハクチョウ) を表すものを**質的データ**という．

　個数や長さは「A は B より 3 個多い」，「C は D より 4 cm 長い」のように差で表せる．また，「5 倍の個数」，「2 倍の長さ」のように倍数でも表せる．このようなデータ間の差と比がともに意味をもつ量的データを**比例尺度**という．これに対して，今日の気温は 10℃ だから昨日の 2℃ より 8℃ 高いとはいえるが，5

倍だとはいわない (もしいえたら −6 ℃ なら −3 倍になってしまう). また, 午後 5 時は午後 2 時の 3 時間後だが, 2.5 倍ではない (しかし「5 時間は 2 時間の 2.5 倍」とはいえる). これらのようなデータ間の差は意味をもつが, 比は意味をもたない量的データを**間隔尺度**という. 量的データには個数のように整数にしかならない**離散データ**と長さのように小数にもなる**連続データ**がある.

「小さい・中ぐらい・大きい」や「とてもよい・ややよい・やや悪い・とても悪い」は質的データである. これらのように大小・前後が決まる質的データを**順序尺度**という. これに対して,「男・女」や「ハクチョウ・カワラバト・ゴイサギ」のような順序のない質的データを**名義尺度**という.

ヒストグラムは量的データの分布の傾向を表すグラフである. 値を 0 以上 10 未満, 10 以上 20 未満, 20 以上 30 未満, … などの区間に分けて, それぞれの区間に含まれるデータの個数を棒の長さで表す. ヒストグラムを使えば, データの値の散らばり方の傾向を見られる.

図 2.1 はヒストグラムの例である. ヒストグラムでは, それぞれの区間に含まれるデータの個数 (**度数**, **頻度**) を棒の長さで表す. 棒の長さは相対度数 (度数/合計数) を表すこともある. たとえば, このヒストグラムからは, 60 以上 65 未満の値をもつデータが 10 個あることが読みとれる. このように, ヒストグラムを使えばデータの値がどのように散らばっているのかを直感的に把握できる. 連続データのヒストグラムは棒と棒を隙間なしで並べる.

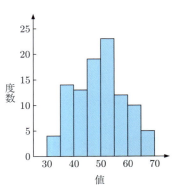

図 2.1 ヒストグラムの例

さまざまなデータについてヒストグラムを描いてみると, 散らばり方もさまざまであることがわかる. たとえば, 図 2.2 A と図 2.2 B を比べてみよう. 図 2.2 A のほうが図 2.2 B よりも散らばりが小さいことがわかる. 散らばりが小さい場合は, 散らばりが大きい場合に比べて棒のある範囲が狭くなる. また, ヒストグラムが左右に偏った形になることもある. 図 2.2 C では小さな値にデータが集中しているが, 大きな値をとるものも少数存在することがわかる. このよ

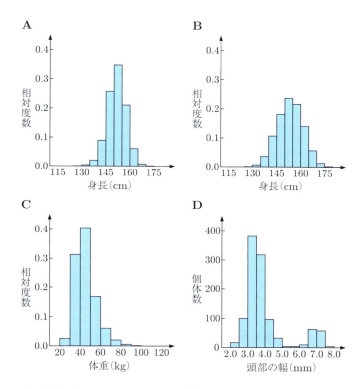

図 2.2 さまざまな形のヒストグラム．A：散らばりが小さい，B：散らばりが大きい，C：右に裾を引いている，D：二峰性．A は 12 歳女子の身長，B は 12 歳男子の身長，C は 12 歳男子の体重で，いずれも令和 4 年度学校保健統計調査による (https://www.e-stat.go.jp/stat-search/files?page=1&toukei=00400002&tstat=000001011648)．D はギガスオオアリの働きアリの頭部の幅の分布 (Pfeiffer M. & Linsenmair K. E., 2000) で，小型働きアリと大型働きアリ (兵アリ) に分かれていることがわかる．

うな散らばり方を「**右に裾を引いている**」という．左右逆にした形ならば「**左に裾を引いている**」という．また，ヒストグラムが図 2.2 D のような形になることもある．図 2.2 D のヒストグラムでは，山が 2 つあるように見える．このような場合を**二峰性**という．2 つ以上山がある場合を**多峰性**ともいう．逆に，山が 1 つの場合 (図 2.2 A, B, C など) を**単峰性**という．

図 2.3 は 1990 年から 2019 年の 30 年分の長崎市の各年 10 月 1 日，11 月 1

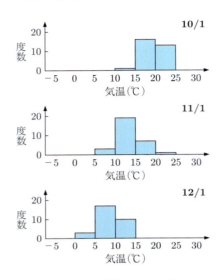

図 2.3 1990 年から 2019 年の 30 年分の長崎市の 10 月 1 日，11 月 1 日，12 月 1 日の最低気温のヒストグラム

日，12 月 1 日の最低気温のヒストグラムである．10 月 1 日と 12 月 1 日のデータは表 2.1 と表 2.2 に示したものと同じである．これらのヒストグラムを比較すると，10 月 1 日，11 月 1 日，12 月 1 日の順に気温が下がっていることがわかる．ヒストグラムは表よりデータの傾向をはるかに把握しやすい．

図 2.3 の 3 つのヒストグラムでは，横軸の範囲をすべて揃えてある．10 月 1 日は 10 ℃ 未満の日はなく，12 月 1 日は 15 ℃ 以上の日はない．そこで，10 月 1 日は横軸を 10 ℃ から 30 ℃，12 月 1 日は −5 ℃ から 15 ℃ にすることもできる．しかし，横軸の範囲をグラフごとに変えてしまうと比較が難しくなる．そのため，図 2.3 のように，類似のデータを比較するための複数のヒストグラムを並べる場合は，横軸の範囲を揃えるのがよい．また，縦軸の範囲も揃えておいたほうが読みとりやすくなる．図 2.3 の 3 つのヒストグラムの縦軸は 0 から 20 だが，もし 1 つだけ縦軸が 0 から 30 だとすると，度数の比較が難しくなる．このようにヒストグラムなどのグラフは比較をしやすくするように工夫する必要がある．

2.1 ヒストグラム・箱ひげ図・平均値と分散

ここで，区間の数の決め方を説明しておこう．図 2.3 の 3 つのヒストグラムは，5℃ 刻みの 7 個の区間に分けられている．同じデータをヒストグラムにするときに，10℃ 刻みの 3 個の区間に分けてもよいし，2.5℃ 刻みの 12 個の区間に分けてもよい．しかし，区間の分け方が大まかすぎてはデータの様子がわかりにくくなるし，細かすぎても逆にわかりにくくなる．図 2.4 A, B は図 2.1 と同じデータをヒストグラムにしたものだが，図 2.4 A は区間が大まかすぎるし，図 2.4 B は区間が細かすぎる．区間を何個に分けるのがよいかは場合による．しかし，一般に標本の大きさ (**サンプルサイズ**) の平方根程度がよいとされている．実際にこの方法を試してみよう．図 2.1 と図 2.4 は 100 個のデータを含んでいる．$\sqrt{100} = 10$ なので，10 個ぐらいに区切るのがよいとわかる．図 2.1 は 8 個の区間に分けられているから，この基準におよそ適合している．なお，4.1.3 項で説明するようにスタージェスの公式もよく用いられる．

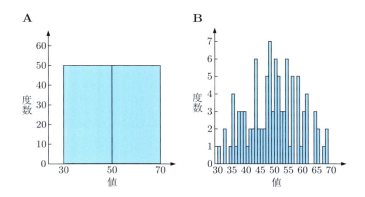

図 2.4 区間の分け方が大まかすぎるヒストグラム (A) と細かすぎるヒストグラム (B)

ここまでのヒストグラムでは区間の幅は一定だった．しかし，左右に裾を引いている場合などは区間の幅を一定にすると，極端にデータの個数が少なくなる区間が出てくる (図 2.5 A)．このような場合には，区間の幅を適宜変えた方がわかりやすい (図 2.5 B)．区間の幅を変えた場合は，棒の長さではなく面積が度数に比例するように描き，縦軸は度数ではなく各区間の度数の割合を区間の幅で割ったもの (密度) を表示する．つまり，面積の和が 1 になるようにする．

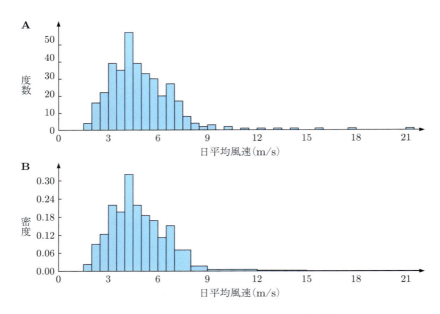

図 2.5 区間の幅が一定のヒストグラム (A) と区間の幅を適宜変えたヒストグラム (B). 那覇市の 2023 年 1 月 1 日から 2023 年 12 月 31 日までの日平均風速を使った.

2.1.2 箱ひげ図

　ヒストグラムはデータがどのように散らばっているかをわかりやすく示す. ヒストグラムからはさまざまなことが読みとれる. たとえば図 2.2 のように散らばり方や裾の引き方や多峰性を確認できる. 図 2.3 を見れば, 何 ℃ から何 ℃ の範囲に何個のデータが含まれるかも読みとれる. しかし, 逆にいえば, ヒストグラムは情報量が多すぎる. 実際には, 何 ℃ から何 ℃ の範囲に何個のデータが含まれるかを読みとれる必要はないことも多い. もっと簡便に要点だけわかるような図のほうがよいこともある. 特に, 図 2.3 では 10 月 1 日, 11 月 1 日, 12 月 1 日の 3 日間の最低気温を示したが, もしヒストグラムを使って 12 カ月すべての月はじめの最低気温を表示したり, 最高気温も含めて表示したりするならば, 図が複雑になりすぎて読みとりにくくなるだろう. データの散らばり方の様子をもっと簡便に表せる図があるとよい.

2.1 ヒストグラム・箱ひげ図・平均値と分散 **47**

箱ひげ図は，データの散らばり具合を，図 2.6 のように箱とひげを使って表した図である．箱ひげ図は，箱にひげが生えたような形の図なので箱ひげ図とよばれる．箱ひげ図を使えば，データの中央値・最小値・最大値・第 1 四分位点・第 3 四分位点の位置を一度に表示できる．

ここで，中央値，第 1 四分位点，第 3 四分位点とは何かを説明しておこう（四分位点を四分位数とよぶこともある）．**中央値**は，データを値の小さい順に並べ替えたとき，ちょうど中央にくる値である．たとえば，

$$8, 7, 12, 5, 11$$

は並べ替えると

$$5, 7, 8, 11, 12$$

なので，中央値は 8 となる．データが偶数個の場合は，中央にくる 2 つの値の平均値を中央値とする．たとえば，

$$8, 7, 12, 5, 11, 1$$

は並べ替えると

$$1, 5, 7, 8, 11, 12$$

なので，中央値は

$$\frac{7+8}{2} = 7.5 \tag{2.1}$$

となる．

第 1 四分位点と第 3 四分位点は，データを中央値で分け，値が小さいデータと値が大きいデータに分割して求める．**第 1 四分位点**は値が小さいデータの中央値で，**第 3 四分位点**は値が大きいデータの中央値である．たとえば，

$$1, 5, 7, 8, 11, 12$$

は

$$1, 5, 7 \ と \ 8, 11, 12$$

の 2 つに分割され，第 1 四分位点は 5，第 3 四分位点は 11 となる．

実際のデータで第 1 四分位点と第 3 四分位点を求めるときには注意が必要である．まず，中央値で値が小さいデータと大きいデータに分割するとき，元のデータの大きさが奇数個か偶数個かで扱いが異なる．偶数個なら，すでに見たように同数の 2 つの集団に分ければよい．奇数個なら，中央値を除いて小さい

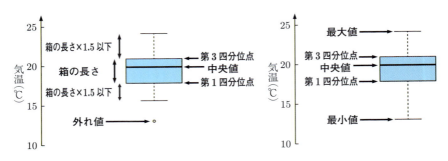

図 2.6 A テューキーの方式による箱ひげ図．B 簡便法による箱ひげ図

データと大きいデータに分割する場合と，中央値を小さいデータと大きいデータの両方に含める場合がある．中央値を除く場合は，

$$5, 7, 8, 11, 12$$

を

$$5, 7 \text{ と } 11, 12$$

に分割して，第 1 四分位点は 6，第 3 四分位点は 11.5 となる．中央値を両方に含める場合は，

$$5, 7, 8, 11, 12$$

を

$$5, 7, 8 \text{ と } 8, 11, 12$$

に分割して，第 1 四分位点は 7，第 3 四分位点は 11 となる．四分位点のこの求め方を**ヒンジ法**という (ヒンジとは蝶つがいの意味)．四分位点の求め方には他の方法も提案されており，ソフトウェアによって異なる値が出力されることがある．第 4 章 4.1.2 項で別の方法を紹介する．また，第 3 四分位点と第 1 四分位点の差を**四分位範囲**という．

箱ひげ図は次のように描く．

① データの第 1 四分位点から第 3 四分位点の間に箱を描く．
② 中央値の位置に線を引く．
③ 箱から箱の長さ (四分位範囲) の 1.5 倍を超えて離れた点 (外れ値) を点 (白丸) で描く．
④ 外れ値ではないものの最大値と最小値まで箱からひげを描く．

この方法で表 2.1 の 10 月 1 日の最低気温を描いたのが図 2.6 A である．箱ひげ図のこの描き方を**テューキーの方式**とよぶ．

箱ひげ図にはもっと簡便な描き方もある (図 2.6 B)．この方式では，外れ値は表示せず，すべてのデータの中の最大値と最小値まで箱からひげを描く．ここでは箱ひげ図を縦に描いたが，90 度回転させて横に描くことも多い．

図 2.7 は 1990 年から 2019 年の 30 年分の長崎市の各月の初日の最低気温をテューキーの方式で箱ひげ図にしたものである．ヒストグラムでも見られたとおり，箱ひげ図からも，10 月 1 日から 11 月 1 日，12 月 1 日と進むにつれて最低気温が下がることがわかる．また，1 月 1 日，2 月 1 日，5 月 1 日，10 月 1 日には外れ値がある．6 月 1 日は最低気温が狭い範囲に集中しているが，まれにこの範囲から上下に大きくはみ出す年があることが読みとれる．この図をヒストグラムで描くと，ヒストグラムを 12 個描くことになり，図が複雑化して見にくくなることに注意しよう．箱ひげ図からはデータの散らばりの様子が効率的に読みとれる．

箱ひげ図はデータの散らばりが小さい場合は短くなり，データの散らばりが大きい場合は長くなる．単峰性の場合，ヒストグラムの山の頂は箱の中にあることが多い．右か左に長く裾を引いている場合，長く裾を引いた方向にひげが長く伸びたり，外れ値が多数描かれたりする．箱ひげ図を使ったデータの可視化は，統計分析の非常に重要な要素である．

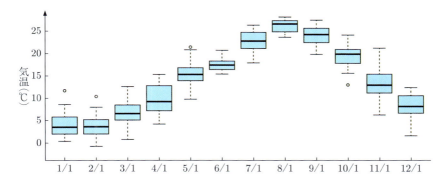

図 2.7 1990 年から 2019 年の 30 年分の長崎市の各月の初日の最低気温の箱ひげ図

50　　第 2 章　データ分析の基礎

2.1.3　平均値と分散

ヒストグラムや箱ひげ図はデータがどのように散らばっているかを図で示す.
データを図で表すとデータの全体的な特徴を把握しやすくなる. しかし, 図で
はなく, 数値で表したいこともある. データを集約して 1 つの数値として表せ
ばより簡便になる. データを 1 つの数値に集約したものを**代表値**とよぶ. 箱ひ
げ図の説明で出てきた中央値も代表値の 1 つである.

代表値の中でも最もよく用いられるのが**平均値**である. ここで, n 個の値
$x_1, \ldots, x_n$ からなる標本を考える. 平均値はこれらの和を標本の大きさ (サンプ
ルサイズ) n で割ったものである. 数式で表すと,

$$\bar{x} = \frac{x_1 + x_2 + \cdots + x_n}{n}$$
$$= \frac{1}{n} \sum_{i=1}^{n} x_i \tag{2.2}$$

となる. 平均値は変数の上に線を引いて $\bar{x}$ のように書くことが多い (エックス
バーと読む). 値が全体に大きければ平均値も大きくなり, 値が全体に小さけれ
ば平均値も小さくなる. $5\,\mathrm{cm}, 10\,\mathrm{cm}, 12\,\mathrm{cm}, 13\,\mathrm{cm}$ の平均値は

$$\frac{5 + 10 + 12 + 13}{4} = 10 \text{ cm} \tag{2.3}$$

となる.

同じ代表値でも, 平均値と中央値は異なる値を取りうることに注意が必要で
ある. たとえば実データには, 右に裾を引いており, 平均値が中央値より大き
いものがよくある. また, もう 1 つの代表値である**最頻値** (もっとも頻繁に現れ
る値) も平均値や中央値とは異なることが多い.

平均値や中央値はデータの位置を測る指標だが, データの散らばりを測る指標
として**分散**や**標準偏差**がある. データの散らばりが大きいほど分散や標準偏差
の値は大きく, データの散らばりが小さいほど分散や標準偏差の値は小さくな
る. 分散および標準偏差を計算すると, 図 2.2 A は図 2.2 B よりも小さくなる.

分散と標準偏差は, 次のように求められる. $x_1, \ldots, x_n$ をサイズ n のデータ
とすると, 分散 s^2 は

$$s^2 = \frac{(x_1 - \bar{x})^2 + (x_2 - \bar{x})^2 + \cdots + (x_n - \bar{x})^2}{n}$$

$$= \frac{1}{n} \sum_{i=1}^{n} (x_i - \bar{x})^2 \tag{2.4}$$

で求められる．ただし，$\bar{x}$ は前に定義した平均値である．この分散とは少し形の違う**不偏分散** σ^2 を使うこともある．不偏分散は

$$\sigma^2 = \frac{(x_1 - \bar{x})^2 + (x_2 - \bar{x})^2 + \cdots + (x_n - \bar{x})^2}{n-1}$$

$$= \frac{1}{n-1} \sum_{i=1}^{n} (x_i - \bar{x})^2 \tag{2.5}$$

と $n-1$ で割って求められる．分散と不偏分散には

$$\sigma^2 = \frac{n}{n-1} s^2 \tag{2.6}$$

の関係がある．分散の平方根 $\sqrt{s^2}$（または不偏分散の平方根 $\sqrt{\sigma^2}$）を標準偏差という．

分散や標準偏差の性質を見ておこう．x_i はどれも実数で，$\bar{x}$ も実数となる．式 (2.4) から，分散は実数の 2 乗の和を n で割ったものである．実数の 2 乗は負の値をとらないから，分散も負の値をとらないことがわかる．標準偏差は分散の平方根なので，これも負の値をとらない．

分散や標準偏差は負の値をとらないから，たいていは正の値になる．分散や標準偏差が 0 になる場合はあるだろうか．$x_i - \bar{x}$ がすべて 0 になるなら分散も標準偏差も 0 になる．つまり，すべての値が同じ値になっているときには分散と標準偏差が 0 になる．

$5\,\mathrm{cm}$, $10\,\mathrm{cm}$, $12\,\mathrm{cm}$, $13\,\mathrm{cm}$ の分散は

$$\frac{(5-10)^2 + (10-10)^2 + (12-10)^2 + (13-10)^2}{4} = 9.5 \ \mathrm{cm}^2 \tag{2.7}$$

となる．標準偏差は分散の平方根なので，

$$\sqrt{9.5} \approx 3.08 \ \mathrm{cm} \tag{2.8}$$

である．平均値や標準偏差は元の値と同じ単位だが，分散は単位が違うことがわかる．単位が違っていると散らばりの指標としてわかりにくいので，以下では単位が同じになる標準偏差を主として使う．

簡単なデータに対して標準偏差を計算してみよう．表 2.3 に，2013 年から2019 年の 7 年間の長崎市の 6 月 1 日，9 月 1 日，12 月 1 日の最低気温と，それ

52 第 2 章 データ分析の基礎

表 2.3 長崎市の 2013 年から 2019 年の 6 月 1 日，9 月 1 日，12 月 1 日の最低気温とその平均値と標準偏差 (℃).

	2013	2014	2015	2016	2017	2018	2019	平均値	標準偏差
6/1	17.6	18.8	19.6	19.1	20.7	16.2	19.0	18.7	1.3
9/1	21.0	23.4	22.6	25.2	22.0	23.4	19.8	22.5	1.6
12/1	7.1	6.7	7.7	10.6	4.4	11.4	11.7	8.5	2.6

らの平均値と標準偏差を示す．最低気温の散らばりが小さい日ほど標準偏差の値が小さく，大きい日ほど標準偏差の値が大きいことがわかる．

本節の最後に，平均値の性質について説明する．サンプルサイズが大きくなると，平均値はある値 (標本の背後に想定される母集団の期待値) に近づいていくことが知られている (**大数の法則**という)．この性質は統計学の重要な基礎の 1 つである．

2.2 散布図と相関係数

この節では，2 つの量の関係を視覚化する**散布図**と 2 つの量の直線的な関係を要約する**相関係数**について紹介する．2 つの量とは，個人や個体などの対象に対し，それぞれから得た 2 種類の量的データのことである．また，散布図とは，2 つの量の関係を視覚的に調べるのに適した図のことである．一方，相関係数とは，2 つの量の直線的な関係の強さを表す指標である．相関係数の範囲は，-1 から 1 の間であり，値が 0 から遠ざかるほど関係が強いことを表す．

2.2.1 2 つの量のデータ

2 種類の量を変数 X と変数 Y で表し，n 組のデータを表 2.4 のように表す．たとえば，1 番目の対象において，変数 X の値は x_1，変数 Y の値は y_1 と表す．また，n 番目の対象において，変数 X の値は x_n，変数 Y の値は y_n と表す．慣例として，変数名はアルファベットの大文字，その値は小文字で表す．表 2.4 では印刷の都合上，各変数の値を行としているが，Excel などに入力するときは変数を列として縦長に入力するほうがよい．

2.2 散布図と相関係数　　**53**

表 2.4　n 組の 2 種類のデータ

対象	1	2	3	$\cdots$	n
変数 X	x_1	x_2	x_3	$\cdots$	x_n
変数 Y	y_1	y_2	y_3	$\cdots$	y_n

　例として，2016 年滋賀県大津市における月ごとの日最高気温の平均値 (℃) と二人以上世帯あたりの飲料支出金額 (円) の 2 つの量を表 2.5 に示す (以下それぞれ日最高気温，飲料支出金額という)．月ごとの日最高気温は気象庁の過去の気象データ検索サイトから抽出した．また，月ごとの飲料支出金額は「家計調査」(総務省 政府統計の総合窓口 e-Stat) から抽出した．

表 2.5　日最高気温と飲料支出金額のデータ

月	1	2	3	4	5	6
日最高気温 (℃)	9.1	10.2	14.1	19.8	25.0	26.8
飲料支出金額 (円)	3416	3549	4639	3857	3989	4837

月	7	8	9	10	11	12
日最高気温 (℃)	31.1	34.0	28.5	22.9	15.7	11.3
飲料支出金額 (円)	5419	5548	4311	4692	3607	4002

2.2.2　散布図

　2 つの量のデータの**散布図**の描き方を説明する．n 組のデータを $(x_1, y_1), (x_2, y_2),$ $\ldots, (x_n, y_n)$ とするとき，(x_i, y_i) を座標とする点 $(i = 1, \ldots, n)$ を X-Y 平面上にとる．

　例として，図 2.8 に月ごとの日最高気温と飲料支出金額のデータ (表 2.5) の散布図を示す．横軸には日最高気温，縦軸には飲料支出金額をとる．12 組のデータを ○ 印で示す．軸のラベルには単位も併せて表示する．○ 印の中を塗りつぶさないようにすると，点の重なりが見える．

　散布図の見方を説明する．散布図に 2 本の補助線 $X = \bar{x}$, $Y = \bar{y}$ を加える．$\bar{x}, \bar{y}$ はそれぞれ変数 X と Y の平均値である．補助線の交わる点の座標は $(\bar{x}, \bar{y})$

となる．これらの補助線により，X-Y 平面を 4 つの区画に分け，どの区画にデータ点が多いかを調べる．

例として，図 2.8 に 2 本の補助線 (点線) を加えたものを図 2.9 に示す．

この図のように右上と左下の区画にデータ点が多い場合，右上がりの傾向があるという．すなわち，日最高気温が上昇すれば飲料支出金額が増加する傾向がある．ただし，これは見た目の関係であり，実際の原因かどうかはさらに調べてみる必要がある (2.4.1 項を参照)．

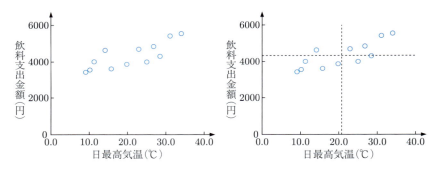

図 2.8 日最高気温と飲料支出金額の散布図　　**図 2.9** 図 2.8 の散布図に補助線 (点線) を加えたもの

さらに，散布図の見方についていくつかの例を見る．図 2.10 から図 2.13 の散布図は，2016 年滋賀県大津市における月ごとの気象データと飲料支出金額の関係を表す．なお，図 2.10 の横軸は各月の最高気温そのものを示している．

これらの図から，月最高気温と飲料支出金額の関係は右上がりの傾向 (図 2.10)，最大風速と飲料支出金額の関係は右下がりの傾向 (図 2.11)，合計降水量と飲料支出金額の関係はわずかに右上がりの傾向 (図 2.12)，平均風速と飲料支出金額との関係はわずかに右下がりで，平均風速の散らばりが最大風速に比べて小さいことがわかる (図 2.13)．

2.2 散布図と相関係数　55

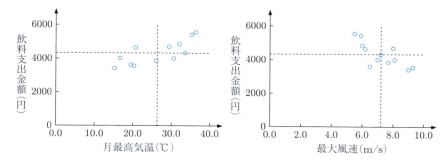

図 2.10 月最高気温と飲料支出金額の散布図

図 2.11 最大風速と飲料支出金額の散布図

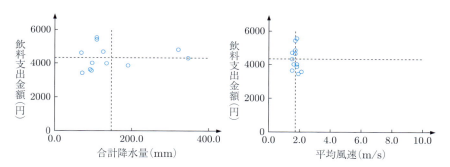

図 2.12 合計降水量と飲料支出金額の散布図

図 2.13 平均風速と飲料支出金額の散布図

　次に，**外れ値**の影響について説明する．例として，仮想データを用いた散布図 (図 2.14) を見る．これは図 2.8 に 1 点 △ をつけ加えたものである．△印の点は他の ○ と比べて飲料支出金額の値が極端に低い．これを外れ値とみなす．散布図から外れ値が見つかる場合には，元のデータと照らし合わせ，入力に誤りがないかを確認し，データ解析からその値を削除するかを検討する．

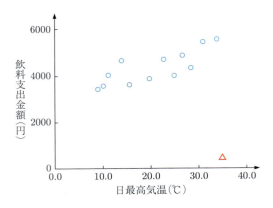

図 2.14 仮想データを用いた散布図

2.2.3 相関係数

2つの量のデータの**相関係数**について説明する．変数 X と Y の相関係数 r_{XY} は次の式で与えられる．

$$\text{相関係数}\, r_{XY} = \frac{[X と Y の共分散]}{[X の標準偏差] \times [Y の標準偏差]} = \frac{s_{XY}}{s_X s_Y} \qquad (2.9)$$

式 (2.9) の分子が変数 X と Y の**共分散** s_{XY}，分母が変数 X の標準偏差 s_X と変数 Y の標準偏差 s_Y の積である．ここで，変数 X と Y の共分散 s_{XY} は，変数 X の偏差と変数 Y の偏差の積を平均したもので与えられる．変数 X の偏差は，変数 X の値から平均値 $\bar{x}$ を引いた量 $(x_i - \bar{x})$ であり，変数 Y についても同様である．式で書けば，X と Y の共分散 s_{XY} は次のように表される．

$$\begin{aligned}s_{XY} &= \frac{1}{n}\{(x_1 - \bar{x})(y_1 - \bar{y}) + \cdots + (x_n - \bar{x})(y_n - \bar{y})\} \\ &= \frac{1}{n}\sum_{i=1}^{n}(x_i - \bar{x})(y_i - \bar{y}) \end{aligned} \qquad (2.10)$$

相関係数の符号について説明する．相関係数の符号は，共分散を求める際に用いた偏差の積の和の符号と同じである．例として，散布図の見方で用いた日最高気温と飲料支出金額の散布図を用いる．散布図に2本の補助線 $X = \bar{x}$，$Y = \bar{y}$ を加え，X-Y 平面を4つの領域 A, B, C, D に分ける (図 2.15)．この図の右上の領域 A では，$x_i - \bar{x}$ と $y_i - \bar{y}$ がともに正の値で，偏差の積 $(x_i - \bar{x})(y_i - \bar{y})$ も正の値となる．また，左下の領域 C では，$x_i - \bar{x}$ と $y_i - \bar{y}$ がともに負の値で，

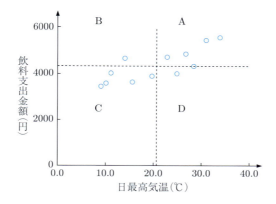

図 2.15 散布図を4つの区画に分けたもの

偏差の積は正の値となる．一方，左上の領域 B では，$x_i - \bar{x}$ が負の値，$y_i - \bar{y}$ が正の値で，偏差の積は負の値となる．また，右下の領域 D では，$x_i - \bar{x}$ が正の値，$y_i - \bar{y}$ が負の値で，偏差の積は負の値となる．したがって，領域 A や領域 C にある点が領域 B や領域 D にある点より多く，右上がりの場合，相関係数の符号は正となる傾向がある．逆に，領域 A や領域 C にある点が領域 B や領域 D にある点より少なく，右下がりの場合，相関係数の符号は負となる傾向がある．相関係数が正の値のとき**正の相関**，負の値のとき**負の相関**があるという．そして，相関係数が 0 のとき**無相関**という．実際のデータでは相関係数がぴったり 0 になることはまれである．

相関係数の値の評価は使われる分野により異なる．1 つの目安として，相関係数の絶対値が 0 から 0.2 以下はほとんど関係がない，0.2 から 0.4 以下は弱い関係がある，0.4 から 0.7 以下は中程度の関係がある，0.7 から 1.0 は強い関係がある，ということにする．なお，ここでいう「関係」とは直線的な関係のことである．

相関係数の例をいくつか見る．図 2.15 で用いたデータにおいて，日最高気温と飲料支出金額の相関係数は 0.8 であり，2 つの量には強い正の相関があるといえる．また，図 2.10 で用いたデータにおいて，月最高気温と飲料支出金額の相関係数も 0.8 であり，2 つの量には強い正の相関があるといえる．また，図 2.11 で用いたデータにおいて，最大風速と飲料支出金額の相関係数は -0.8 であり，

58　　第 2 章　データ分析の基礎

2 つの量には強い負の相関があるといえる．また，図 2.12 で用いたデータにおいて，合計降水量と飲料支出金額の相関係数は 0.2 であり，2 つの量はほとんど関係がないといえる．また，図 2.13 で用いたデータにおいて，平均風速と飲料支出金額の相関係数は −0.2 であり，2 つの量はほとんど関係がないといえる．

　最後に外れ値の影響について説明する．データが外れ値を含むと相関係数の値が大きく変わることがある．図 2.8 で用いたデータでは相関係数は 0.8 であった．一方，図 2.14 で用いたデータは △ 印の外れ値を含み，相関係数はほぼ 0 となる．このように，2 つの量の関係を要約する際には，相関係数を散布図と併せて用いることが大切である．

2.3　回帰直線

　この節では，2 つの量の関係を定式化する**回帰直線**について紹介する．

　表 2.4 で表される 2 つの量 X と Y が与えられたとき，変数 X の値から変数 Y の値を予測することを考える．このとき，X を**説明変数**，Y を**目的変数**または**被説明変数**とよぶ．2 つの変数に直線関係が予想されるとき，その近似直線を**回帰直線**という．いま，回帰直線が次の式で表されるとする．

$$\hat{y} = b_0 + b_1 x \tag{2.11}$$

ここで，$\hat{y}$ は Y の**予測値**，b_0 と b_1 はそれぞれ回帰直線の**切片**と**傾き**である．

　n 組のデータ $(x_i, y_i)\,(i = 1, 2, \ldots, n)$ から回帰直線の切片と傾きを求めるために**最小二乗法**を用いる．最小二乗法では Y 軸方向の**残差** $e = y - \hat{y}$ に注目し，データ y_i と x_i に対応する予測値 $\hat{y}_i$ との差の 2 乗和が最小になるように回帰直線の切片と傾きを決める．その結果，傾き b_1 は次の式で与えられる．

$$b_1 = \frac{[X \text{ と } Y \text{ の共分散}]}{[X \text{ の標準偏差}]^2} = \frac{s_{XY}}{s_X{}^2}$$

$$= [X \text{ と } Y \text{ の相関係数}] \times \frac{[Y \text{ の標準偏差}]}{[X \text{ の標準偏差}]} = r_{XY} \frac{s_Y}{s_X} \tag{2.12}$$

式 (2.12) の分子が変数 X と Y の共分散 s_{XY}，分母が変数 X の標準偏差の 2 乗すなわち X の分散 $s_X{}^2$ になる．これは，変数 X と Y の相関係数 r_{XY} に変数 Y の標準偏差と変数 X の標準偏差の比の値 $\dfrac{s_Y}{s_X}$ をかけたものに等しい．切片

b_0 は次の式で与えられる．

$$b_0 = \bar{y} - b_1 \bar{x} \tag{2.13}$$

この式は，回帰直線が各変数の平均値を座標とする点 $(\bar{x}, \bar{y})$ を必ず通ることを意味する．

例として，表 2.5 の 12 組のデータを用いて日最高気温から飲料支出金額を予測してみよう．最小二乗法を用いると次のような回帰直線が求まる．

$$\hat{y} = 2947.8 + 66.4 \times x \tag{2.14}$$

予測は変数 X のデータの範囲内で行うのがよい．この例では，日最高気温は 9.1～34.0℃ の値をとり，日最高気温が 10℃ のときの飲料支出金額は $2947.8 + 66.4 \times 10 = 3611.8$ 円と予測される．また，回帰直線の傾きに着目すると，気温が 1℃ 上昇すると平均的に飲料支出金額が 66.4 円高くなる傾向を表す．また，回帰直線は，各変数の平均値を座標とする点 (20.7, 4322.2) を通る（図 2.16）．

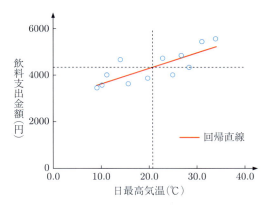

図 2.16 日最高気温と飲料支出金額の散布図と回帰直線

2.4 データ分析で注意すべき点

データ分析を正しく実施するためには，データ収集の計画を適切に立てた上でデータを収集すること，および分析結果の正しい解釈が重要である．本節ではまず相関関係と因果関係の違いを説明し，その後，2つのグループの比較方法，さまざまなデータの収集方法，適切なグラフの使用法について説明する．

2.4.1 相関関係と因果関係

2つの変数の間の関係を調べるには，2.2節で説明したように散布図を描いたり相関係数を計算することが一般的である．では，2つの変数の間に**相関関係**があったときに，それらの間に**因果関係**(原因と結果の関係) があるといえるだろうか．つまり，片方の変数がもう一方の変数の原因となっており，原因となる変数を調整することで，もう一方の変数をある程度操作することが可能だろうか．実はこれは必ずしも成り立つとは限らない．2つの変数の間に相関関係があったとしても，それだけでは因果関係があるとは限らない．

ここで，1つの例をあげる．図2.17は2023年の都道府県別の警察職員数 (「地方公共団体定員管理関係調査」，総務省) と刑法犯認知件数 (「警察白書」，警察庁) の散布図を示している．

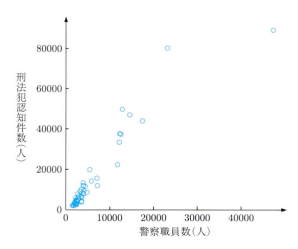

図 **2.17** 2023年の都道府県別の警察職員数と刑法犯認知件数の散布図

この散布図の相関係数は 0.94 である．このことから，警察職員数と刑法犯認知件数に強い因果関係があると考えられるだろうか．つまり，警察職員が多くなればなるほど，刑法犯が増えると考えられるだろうか．または，刑法犯が多くなればなるほど，警察職員が増えると考えられるだろうか．前者は明らかに不自然である．一方，後者については不自然とはいえないが，ここでは別の要因について考える．都道府県の人口という要因を考えると，人口が多くなればなるほど，警察職員が増え，刑法犯も増える．図 2.18 の左図は都道府県別の人口 (「国勢調査」，総務省) と刑法犯認知件数の散布図，右図は都道府県別の人口と警察職員数の散布図である．これらの散布図の相関係数はそれぞれ 0.97 と 0.96 である．

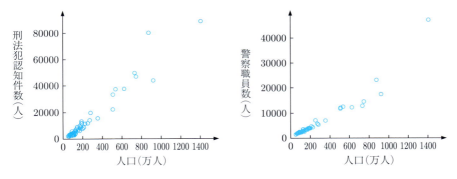

図 2.18 2023 年の都道府県別の人口と刑法犯認知件数の散布図 (左図)，人口と警察職員数の散布図 (右図)

この例のように，調べたい 2 つの変数それぞれと相関が強い別の変数が存在する場合，もとの 2 つの変数の相関が強くなってしまうという現象が発生する．このような相関のことを**疑似相関**という．また，疑似相関の原因となる変数のことを**第 3 の変数**という．上記の人口のように第 3 の変数のデータが手元にあればさまざまな検討ができるが，第 3 の変数のデータを収集できているとは限らない．収集していない (あるいは入手できない) 第 3 の変数のことを**潜在変数**という．

もし，第 3 の変数が得られている場合，その影響を除く方法はいくつか考えられる．1 つ目は第 3 の変数による層別の方法である．2 つ目は第 3 の変数が比例尺度 (計量的，計数的) である場合は，注目している変数を第 3 の変数の単位量

あたりの量に変換する方法である．3つ目は偏相関係数を計算する方法である．

まず，層別の方法について説明する．第3の変数の影響を受けているということは，第3の変数の値が近いものだけで比較すれば，第3の変数の影響を取り除くことができる．図2.17を見ると，一部の都道府県は警察職員数と刑法犯認知件数が他の都道府県よりかなり多くなっているので，ここでは人口が600万人以下の道府県に限定して層別を行う．図2.19は図2.17について人口が100万人未満(黒色)，100万人以上200万人未満(青色)，200万人以上600万人未満(赤色)で層別した散布図である．これを見ると，各層での相関は図2.17に比べ小さくなっていることが確認できる．各層の相関係数は100万人未満で0.47，100万人以上200万人未満で0.73，200万人以上600万人未満で0.89となり，全体の相関係数よりも小さくなっている．本来はもう少し細かく層別するとよいが，47都道府県しかないために細かい層別が難しい．

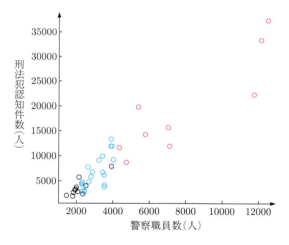

図2.19 2023年の都道府県別の警察職員数と刑法犯認知件数の層別散布図

次に，各変数を第3の変数の単位量あたりの量に変換する方法について説明する．ここでは，警察職員数と刑法犯認知件数について，人口1000人あたりの量に変換することで，人口の影響を取り除く．図2.20は各都道府県の人口1000人あたりの警察職員数と刑法犯認知件数の散布図である．この散布図の相関係数は−0.21である．この結果から，人口の影響を除くと相関が弱まることが確

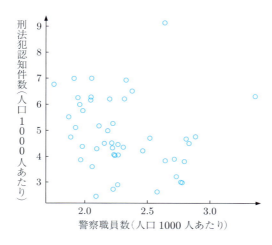

図 2.20 2023 年の都道府県別の人口 1000 人あたりの警察職員数と刑法犯認知件数の散布図

認できる．

　最後に，**偏相関係数**について説明する．偏相関係数とは，関係を調べたい 2 つの変数について，別の変数の影響を取り除いた相関係数である．データを $(x_1, y_1, z_1), \ldots, (x_n, y_n, z_n)$ とする．ここで，$(x_1, y_1), \ldots, (x_n, y_n)$ の $z_1, \ldots, z_n$ の影響を除いた相関を次のように考える．

　別の変数の影響を除く方法として，回帰直線の考え方を使う．Z を説明変数，X を目的変数とした回帰直線により，z_i に対応する X の予測値 $\hat{x}_i$ を求める．$\hat{x}_i$ は x_i のうち Z によって "説明される" 部分なので，残差 $x_1 - \hat{x}_1, \ldots, x_n - \hat{x}_n$ は X から Z の影響を除いたデータと考えられる．実際，$(x_i - \hat{x}_i, z_i)$ $(i = 1, 2, \ldots, n)$ の相関係数は 0 であることが確かめられる．同様に，Y についても，Z を説明変数，Y を目的変数とした回帰直線を考えて，Y から Z の影響を除いたデータ $y_1 - \hat{y}_1, \ldots, y_n - \hat{y}_n$ を求める．そして，$(x_i - \hat{x}_i, y_i - \hat{y}_i)$ $(i = 1, 2, \ldots, n)$ の相関係数を考える．この相関係数のことを，z の影響を除いた x と y の偏相関係数といい，

$$\frac{r_{XY} - r_{XZ} r_{YZ}}{\sqrt{(1 - r_{XZ}^2)(1 - r_{YZ}^2)}} \tag{2.15}$$

として求められる．ここで，r_{XY} は X と Y の相関係数，r_{XZ} は X と Z の相

64 第2章 データ分析の基礎

関係数, r_{YZ} は Y と Z の相関係数である. 図2.17について, 人口の影響を除いた47都道府県の警察職員数と刑法犯認知件数の偏相関係数は0.16となる.

このように, 特定の変数の影響を除いた相関を調べる方法はいくつかあるが, どれがベストであるかは状況によって異なるので, 適切に使いこなすことが重要である. また, 第3の変数が手元にある場合はこのような調整が行えるが, そうでない場合は, このような調整が行えない (つまり, 潜在変数の影響は取り除けない). データを収集する段階で, 潜在変数を見落とさないようにすることが重要となる.

2.4.2 観察研究と実験研究

前項では, 2つの変数の関係を調べる際に, 他の変数の影響を取り除く方法について説明した. しかし, その方法を用いても因果関係を完全に調べることはできない. そこで, 本項ではある事象の影響を調べる研究について説明する.

ある事象の影響を調べたい場合, その事象を行った場合と行っていない場合を比較すればよい. たとえば, たばこを吸うと肺がん発生率が上がるかどうかを調べるために, たばこを吸う人と吸わない人での肺がん発生率を調べる. ここで, たばこを吸うか吸わないかは, 各自の意志に基づいている. このように, ある事象を行うかどうかを本人が決められるという状況の下で, その事象の結果を比較する研究のことを観察研究という.

観察研究では, 図2.21のように, たばこを吸うかどうかについての影響を調べたいにもかかわらず, たばこを吸う人, 吸わない人のそれぞれの特徴の違いの影響も含まれるため, 原因を特定することが困難となる.

よって, 観察研究を行う場合は, 調べたい事象以外の条件をできるだけ揃える必要がある. たとえば, たばこを吸う人と吸わない人を比較する場合, 特定の性別 (男性または女性), 飲酒の有無, 既婚者か未婚者か, 普段の食生活などの条件を揃えて比較することで, たばこを吸うかどうかの影響を調べることが可能となる. ただし, 前項の場合と同様, 調べていない条件の違いについては調整することができないので, あらかじめ結果に影響を与えそうなデータはすべて集めておく必要がある.

一方, 実験研究とは, ある事象の影響を調べる際, その事象を行うかどうか

図 2.21　観察研究の例

を研究者が割り付けた上でその違いについて調べる研究である．また，その割り付けについては，無作為に割り付けることが重要である．被験者を無作為に割り付けることで，さまざまな被験者がいたとしても似た性質をもつ被験者が各グループに同程度含まれることが期待される．

図 2.22 は，ある健康食品の効果を調べるための実験研究の例である．この例では，グループ A とグループ B の人たちの 1 カ月の影響の差を調べることで，健康食品の効果を測る．実験研究では，ある健康食品を食べたかどうか以外に，グループ間の特徴の違いは存在しないので，健康食品の効果を具体的に測ることが可能となる．

図 2.22 の比較において，グループ B の人たちに「健康食品を食べない」ようにするのではなく，「健康食品の類似品を食べる」ようにすることには重要な意味がある．人は薬を飲んだり，健康食品を食べたと「思っただけ」でさまざまな効果が現れることが知られている．このような効果のことを**プラセボ効果(偽薬効果)**という．そのため，グループ A とグループ B の人たちに，自分たちが健康食品を食べているかどうかを知られては，健康食品の効果を正しく知ることができなくなってしまう．そこで，このような比較実験では，被験者がどちらのグループに属しているかを知られないようにすることが重要となる．

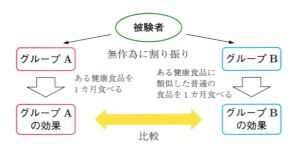

図 2.22 実験研究の例

2.4.3 標本調査

　ある調査を行うとき，調査を行いたい対象すべてのことを**母集団**という．母集団全体を調査できることが好ましいが，一般に母集団全体を調査することは難しいことが多い．そのような場合は，母集団の一部を抜き出して調査を行うこととなる．このように，母集団から調査のために抜き出した対象全体のことを**標本**という．標本の対象数が**サンプルサイズ**である．たとえば，テレビの視聴率調査ではテレビを保有している全世帯が母集団であり，視聴率を調べる装置を設置している全世帯が標本である．また，政党の支持率調査では，有権者全体が母集団であり，電話調査を行った対象者全員が標本である．

　母集団全体の調査が難しい理由として，主に次の 2 つがある．

- 費用的，時間的問題
  たとえば，日本人全体の調査の場合，母集団全体の調査には費用や時間がかかりすぎるため調査が困難となる．
- 物理的問題
  たとえば，薬の効果を調査するような場合，母集団は今後その薬を使う人全員であるため，母集団全体をあらかじめ調査することができない．

このように母集団全体の調査が難しいときは，母集団から標本を選ぶこととなる．この際，標本の特徴と母集団の特徴が似た傾向となることが重要である．

標本の特徴と母集団の特徴の差を確率的に小さくする基本的な方法は**単純無作為抽出**である．単純無作為抽出は母集団から標本を完全にランダムに選ぶ手法である．しかし，母集団が膨大な場合，単純無作為抽出ではコストがかかってしまう．たとえば，母集団が日本人全体の場合に単純無作為抽出を行うと，一人一人の調査のために日本各地へ行かなければならなくなる．そこで，単純無作為抽出よりも調査のコストを減らすような標本抽出の方法が色々と提案されている．ここでは4つの標本抽出法について説明する．

1つ目は**系統抽出**である．系統抽出とは母集団の対象全体に通し番号をつけ，適当な対象から等間隔に標本を選ぶ方法である (図 2.23)．この方法では，通し番号がランダムにつけられていれば，母集団と標本との特徴の差は確率的に小さくなるが，系統抽出では標本調査のコストはあまり小さくならない．

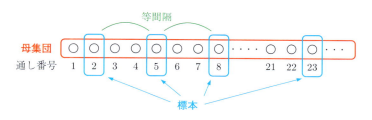

図 2.23 系統抽出

2つ目は**クラスター抽出**である．クラスター抽出とは母集団をいくつかのグループに分け，その中からランダムに抽出した1つまたは複数のグループを標本として選ぶ方法である (図 2.24)．母集団と標本の特徴の差を小さくするためには，特殊な偏りのあるグループを作らないようにするべきである．

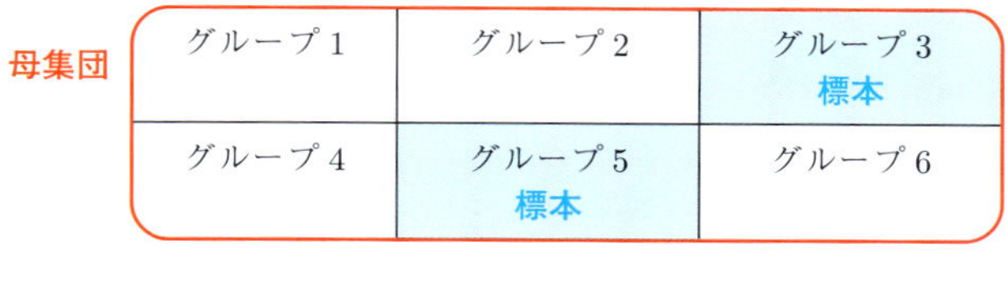

母集団	グループ 1	グループ 2	グループ 3 標本
	グループ 4	グループ 5 標本	グループ 6

図 2.24 クラスター抽出

3つ目は**層化抽出**である．層化抽出とは母集団の中で似た性質をもつグループ(層)に分け(性別，年代などで分け)各グループから標本を抽出する方法である．通常は母集団における各グループの割合と，標本における各グループの割合が等しくなるように標本を選ぶ(図 2.25)．

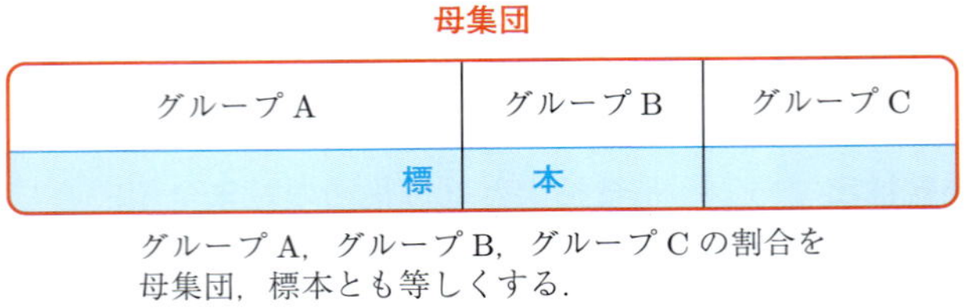

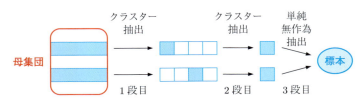

グループ A，グループ B，グループ C の割合を母集団，標本とも等しくする．

図 2.25 層化抽出

たとえば，ある大学の学生全体を母集団とする．この大学には A 学部，B 学部，C 学部，D 学部，E 学部の 5 つの学部があり，各学部の人数がそれぞれ 1000 人，200 人，400 人，800 人，100 人とする．標本として 100 人を選ぶ場合，A 学部から 40 人，B 学部から 8 人，C 学部から 16 人，D 学部から 32 人，E 学部から 4 人を選ぶ．このとき，各学部の割合が母集団の構成と一致する．層化抽出では，各グループに似た人を集めることが重要である．

4つ目は**多段抽出**である．多段抽出法とは，クラスター抽出を繰り返し行ったのち，最後に単純無作為抽出を行う方法である．階層が増えれば増えるほど，母集団と標本のずれが大きくなりやすいという点に注意すべきである．

図 2.26 多段抽出

母集団と標本のずれの程度や，標本を集めるうえでのコストを考慮しながら，適切な標本抽出を行うことが重要となる．

2.4.4 適切なグラフの使い方

データの特徴を一目で把握するためには，適切なグラフを用いて可視化をする必要がある．データの種類，項目数，比較したい内容によって使用するグラフは変わってくる．基本的には次のようにグラフを選ぶとよい．

- カテゴリごと (項目ごと) の量を比較するときには，棒グラフ
- 量的データの分布を確認するときには，ヒストグラム
- データの時間的な変化を調べるときには，折れ線グラフ
- あるデータに含まれる各種割合を把握するには，円グラフ
- 複数のデータの各種割合を比較するには，帯グラフ
- 複数のデータの総量および各種割合を比較するには，積み上げ棒グラフや集合棒グラフ
- 2種類の量的データの関係を調べるためには，散布図

ヒストグラムと散布図についてはそれぞれ 2.1.1 項，2.2.2 項で説明されているので，その他のグラフの使用に関する注意点について説明する．

まず，棒グラフについての使用法について説明する．図 2.27 はある製品の重量を表した棒グラフである．B の重量がとても軽く，C がとても重い印象を受けるだろう．この棒グラフは不適切なグラフの典型例である．このように，差が大きく見えるような目盛りの取り方をして

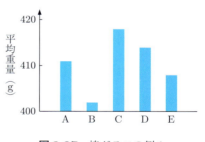

図 2.27 棒グラフの例 1

はならない．たとえば，全体の 1％，または 0.1％しか変動していなかったとしても，その部分を拡大すれば差があるように見えてしまう．

この例について，目盛りを 0 から示したものが図 2.28 の左図である．この図から確認できるように，重量の差は総量から比較すると小さいものである．棒グラフとは，棒の長さで量を表すグラフであり，目盛りを 0 からはじめることが重要である．ただし，品質管理の場面などでは，ある基準量からの差を見たいことがあるかもしれない．そのような場合は，基準量からの差についてグラフを作成すればよい．また，カテゴリ A, B, C, D, E が学年であったり，ア

ンケート調査の「とてもそう思う」,「ややそう思う」,「どちらでもない」,「ややそう思わない」,「全くそう思わない」のように順序があるものであれば,その順序を変更すべきではないが,商品名を表す場合のように,その順序に特に意味がない場合,図 2.28 の右図のように降順に並べることで,量の大小関係を一目で把握することができる.また,グラフを描く上で単位を明確にすることも重要である.

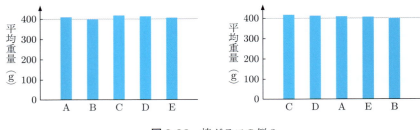

図 2.28 棒グラフの例 2

次に折れ線グラフと棒グラフの違いについて説明する.まず折れ線グラフについては,時間的な変化を調べるものなので,目盛りを必ずしも 0 からはじめる必要はないが,複数のグラフを比較するときは,その目盛りは合わせるべきである.たとえば,図 2.29 はある 2 つの店舗の売上の推移を表した折れ線グラフであるが,このグラフは不適切な例である.これを見ると,店舗 A のほうが売上が多く,安定しているように見えてしまうかもしれない.しかし,これら 2 つのグラフの目盛りは異なっている.これらの目盛りを合わせたものが図 2.30 であり,かなり印象が変わるだろう.このように,複数のグラフを比較する際

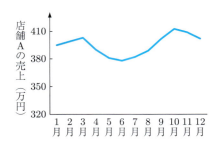
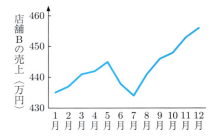

図 2.29 折れ線グラフの例 1

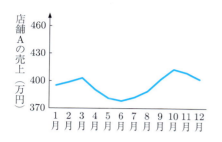 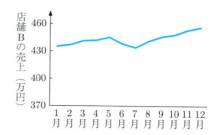

図 2.30 折れ線グラフの例 2

には，目盛りを合わせて比較することが重要である．

また，図 2.31 は，縦軸が全く同じデータについて折れ線グラフと棒グラフで表したものである．折れ線グラフの利点は，増加量，減少量が直線の傾きによって把握できることである．たとえば，10 月以降，毎月直線の傾きが小さくなっているので，増加量が少なくなっていることが把握できる．一方，棒グラフでは，比較したい対象が隣同士だけではないので，線でつなげることに意味はない．

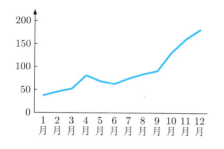 

図 2.31 折れ線グラフと棒グラフ

円グラフは，各属性の割合を円の角度を用いて表したものである．図 2.32 の左図はある都市の年齢構成を表した円グラフである．あるデータに含まれる割合を把握するのであれば円グラフは適切であるが，2 つ以上のグループの割合を比較するには適切ではない．2 つの円を比較して，各割合についてどちらが大きいかを判断することは難しい．そのような場合は図 2.32 の右図のような帯グラフを用いるとよい．帯グラフであれば，長さが割合を示すので，グループ間で割合が比較しやすくなる．

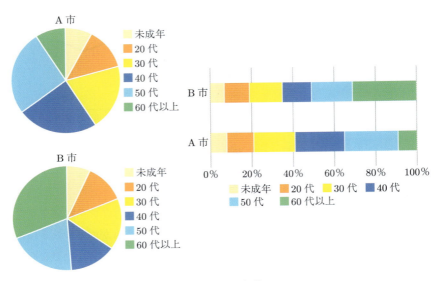

図 2.32 円グラフと帯グラフ

なお，円グラフや帯グラフでは，割合を表すことしかできない．割合と量を同時に把握するためには，積み上げ棒グラフ (図 2.33 の左図) や集合棒グラフ (図 2.33 の右図) を用いるとよい．

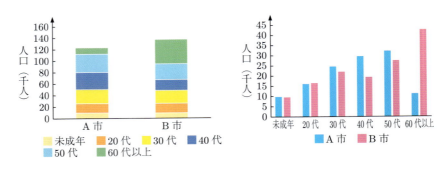

図 2.33 積み上げ棒グラフと集合棒グラフ

最後に，円グラフの代わりにしばしば用いられる 3D 円グラフについて説明する．3D 円グラフは円グラフを立体にしたものを斜めから見たものであるが，割合を視覚的に把握することができないため使うべきではない．たとえば，図 2.34

2.4 データ分析で注意すべき点　73

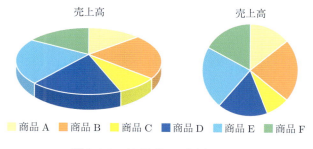

図 2.34 3D 円グラフと円グラフ

は売上高に占めるいくつかの商品の割合を 3D 円グラフと通常の円グラフで表している．この中で最も割合が大きいものは商品 B と商品 E で，ともに 22％である．次に割合が大きいものは商品 D と商品 F で，ともに 17％である．通常の円グラフであればこれらの割合をある程度把握できるが，3D 円グラフでこれらの割合を把握することは難しいだろう．割合の数値が併記されていない 3D 円グラフの使用は，錯覚を与えるだけで何もメリットはない．

第3章

データサイエンスの手法

　この章では，データサイエンスで用いられるいくつかの分析手法を紹介する．これらは実際のビジネスや研究でも用いられているものであり，第4章で紹介するソフトウェアにも組み込まれているので，簡単に利用することができる．

3.1　クロス集計

　データを分析する際に，さまざまな属性に応じてデータを分類し，表の形にまとめるのが有効である場合が多い．そのように複数の属性に応じて表形式にまとめることを**クロス集計**という．

　たとえば，インターネットで商品を販売する会社で「クーポンを配布して売上を増やそう」と考えたとする．クーポンの効果を分析するためには，顧客を「クーポンを配布した」，「クーポンを配布しなかった」という2つに分けて分析することが必要になる．

　表3.1は，項目名欄と合計欄を除くと縦2行と横2列からできているので，**2×2のクロス集計表**という（**クロス表**，**分割表**ともいう）．そして，この表から，

表 3.1　クロス集計表①

	商品を買った	商品を買わなかった	合計
クーポンを配布した	20	80	100
クーポンを配布しなかった	30	170	200
合計	50	250	300

- クーポンを配布した 100 人のうち 20 人 (20 %) が商品を買った.
- 一方, クーポンを配布しなかった人 200 人のうち, 商品を買ったのは 30 人 (15 %) にとどまった.

ということが読み取れ,「クーポンの配布は売上増につながったようだ」との推論ができる.

さらに細かく,「クーポン配布の効果は男女で差があるのか」ということを調べるには, 表の縦をさらに細かく分けてみる必要がある. 表 3.2 では分類項目が 3 つとなったので, $2 \times 2 \times 2$ の 3 重クロス集計表という. また, 性別でなく年齢階級 (たとえば 5 つ) に分けると $2 \times 5 \times 2$ のクロス集計表になる.

表 3.2 クロス集計表②

		商品を買った	商品を買わなかった	合計
クーポンを配布した	男性	12	38	50
	女性	8	42	50
クーポンを配布しなかった	男性	20	100	120
	女性	10	70	80
	合計	50	250	300

クロス集計表の項目を増やすとより細かい分析が可能となる. しかしその一方で, あまり細かくし過ぎると各項目に含まれるデータが少なくなって結果の信頼性が低くなるおそれもあり, どのような項目を選択するかは分析者のセンスが問われることになる.

3.2 回帰分析

すでに 2.3 節で回帰直線について扱ったが, 各要因の影響を数値的に表すことができることから, データ分析において強力な武器である.

3.2.1 線形回帰

たとえば, スーパーマーケットの仕入れ担当者が, 明日のためにアイスクリームを何個仕入れるかを決めなくてはならないとしよう. そのためには, 明日ア

76　　第3章　データサイエンスの手法

イスクリームが何個売れるかを予測しなくてはならない．アイスクリームの売上個数に影響を与える要因としてはいくつもあるが，「暑い日にはアイスクリームがたくさん売れるだろう」ということは容易に想像がつく．そこで，過去のデータから，日々のアイスクリームの売上個数と最高気温のデータを調べ，回帰分析を行う．たとえば回帰直線の式 (回帰式) が次のように得られたとする．

$$\hat{y} = 210.8 + 134.2x \tag{3.1}$$

ここで，$\hat{y}$ はアイスクリームの売上個数の予測値 (個)，x は最高気温 (℃) である．この結果から「最高気温が 1℃ 上昇すると，アイスクリームの売上は 134.2 個増えるだろう」という予測ができ，明日の予想最高気温が 30℃ であれば式 (3.1) に $x = 30$ を代入して $\hat{y} = 4236.8$ という予測ができる．

さらに，最高気温だけでなく，価格を安くすれば多く売れる，平日より休日のほうが多く売れる，というような要因を追加することもできる．

価格については，式 (3.1) の右辺に変数として追加すればよい．「休日かどうか」は数値ではないので，そのままでは回帰式に入れることができないが，「休日のときは 1，平日のときは 0」という値をとる変数 D を考えることによって，回帰式に含めることができる (このような変数を**ダミー変数**という)．このように，説明変数が 2 つ以上ある場合の回帰分析を**重回帰分析**というが，これについても変数が 1 つの場合 (**単回帰分析**とよぶ) と同様，最小二乗法により計算ソフトで簡単に求めることができる．たとえば，回帰式が次のように得られたとする．

$$\hat{y} = 195.4 + 118.1x - 5.8p + 30.4D \tag{3.2}$$

ここで，p はアイスクリーム 1 個の価格 (円)，D は休日のとき 1，平日のときは 0 となるダミー変数である．この結果から「アイスクリームの価格を 1 円上げると 5.8 個売上が下がる」，「休日は平日より 30.4 個売上が上がる」などの予測ができる．

3.2.2　結果の見方の例——平均寿命と喫煙

厚生労働省が発表した「都道府県別生命表 (平成 27 年)」では，男性の平均寿命において，滋賀県が長野県を抜いて全国一の長寿県となった．これにはさまざまな要因が指摘されているが，その中に「滋賀県の喫煙率の低さ」があげられる．喫煙が健康に悪影響を及ぼすことはいくつもの医学的研究で指摘されていること

であるが，都道府県別のデータを使って，平均寿命と喫煙率との関係を見てみよう．

用いるデータは，「国民健康・栄養調査 (平成 24 年)」(厚生労働省) の喫煙率 (男性，20 歳以上) と，「都道府県別生命表 (平成 27 年)」(厚生労働省) の平均寿命 (男性) である．これらはインターネットから簡単に入手できる．第 2 章でも紹介した散布図を描いて回帰分析を行ったのが図 3.2 である．

図 3.1 たばこ警告表示

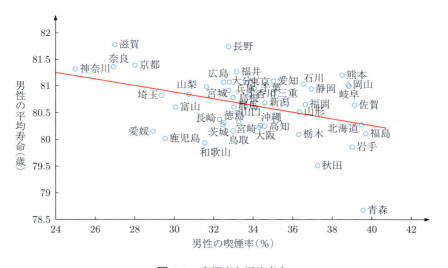

図 3.2 喫煙率と平均寿命

表計算ソフト Excel で回帰分析を行うと，図 3.3 のような結果が出力される．これを見ると，回帰式は，

$$(\text{平均寿命の予測値}) = 82.7 - 0.06 \times (\text{喫煙率}) \tag{3.3}$$

という式になることがわかる．

出力結果で，まず注目するのが，**決定係数** (「重決定 R2」) のところである．これは回帰式がどの程度当てはまっているかの目安であり 0 から 1 の間の値をとる．この値が大きいほど，回帰式としては当てはまりがよいことになる．こ

78   第3章 データサイエンスの手法

回帰分析	
重相関 R	0.386613
重決定 R2	0.14947
補正 R2	0.130569
標準誤差	0.537603
観測数	47

	係数	標準誤差	t	P-値
切片	82.74262	0.747502	110.6921	1.78E−56
X 値 1	−0.06186	0.021997	−2.81215	0.007266

図 3.3 回帰分析の結果

の例では決定係数は 0.149 なのでやや低い，すなわち喫煙率だけでは都道府県
別の平均寿命の違いを十分にはモデル化できていないことを示唆している．た
だし，時系列データのように一定の傾向 (トレンド) をもつ場合には決定係数は
大きく 0.9 くらいになることもあるが，この例のように一時点での都道府県別
データのような横断的なデータ (クロスセクションデータ) では決定係数はそれ
ほど大きくなく，0.3〜0.4 程度であるのが一般的である．

　次に見るのが「X 値 1」の「係数」のところで，約 −0.06 となっている．これ
は，X (ここでは喫煙率 (%)) の係数が −0.06 であることを示しており，「喫煙
率が 1% 上がると，傾向としては平均寿命が 0.06 歳下がる」ことを意味してい
る．この係数が大きいほど，その変数が結果 (目的変数) に与える影響が大きい
ということになるが，変数の単位のとり方 (たとえば，パーセント (百分率) で
見ているか，パーミル (千分率) で見ているか) でも結果は違ってくるので注意
が必要である．

　次に見るのが「X 値 1」の「t」または「P-値」のところである．それぞれ約
−2.8, 0.007 となっている．これは係数が 0 か否かの t **検定**をした結果を表して
いる．t 検定について詳しくは専門書に譲るが，ここでの分析で最も重要なのは
「喫煙率は平均寿命に負の影響を与えているといえるか」，つまり「回帰分析の
係数が，本当に 0 でないといっていいのか」ということである．ここでの計算
結果では，係数が −0.06 となったが，統計分析ではデータの誤差がつきもので

あるので，たまたま係数がマイナスになっただけかもしれない．そのような誤差を考慮して，この回帰係数を分析したところ，t-値とよばれるものは -2.8 となった．これを，t 分布という確率分布の表と照らし合わせると「本来の係数は 0 であるのに今回たまたま 0 から 0.06 以上離れた確率は 0.007 です」というのが P-値が 0.007 であることの意味である．確率 $0.007\,(= 0.7\,\%)$ というのはめったに起こらないことなので，この場合は「喫煙率が平均寿命に与える影響は 0 でないと判断してもよかろう」ということになる．P-値がいくらであればよいかについては特に決まりはないが，経済学や社会学では P-値が $0.05\,(= 5\,\%)$ 以下というのを一応の判断基準とすることが多い．

3.2.3 外れ値の影響

第 2 章でも説明したように，外れ値は相関係数や回帰分析の結果に大きな影響を及ぼす．そのため，実際の分析の際には，できるだけ散布図を描いて，外れ値がないかを確認すべきである．

外れ値があった場合はそれを分析の対象から除外することが多いが，本当に除いてよいかは十分に考える必要がある．たとえば，大きな地震のようなめったに起こらない現象を分析する際には，地震の発生はほとんどが外れ値となってしまうであろう．それらを全部除いてしまっては，分析の意味がなくなってしまう．外れ値かどうかを散布図などで確認したうえで，それを除くかどうかは，データの特性や分析目的を踏まえて，十分に検討するべきである．

3.2.4 ロジスティック回帰分析

これまでの例では，回帰分析の目的変数 Y は連続的な数値をとるものであった．しかし，実際のビジネスなどでは，連続的な数値だけでなく，「商品を買うか買わないか」や「ロケットの打ち上げが成功か失敗か」といった質的な変数についても要因を分析したいということがある．

その場合は，目的変数 Y のとる値を，先ほどのダミー変数と同様，「商品を買った場合に 1，買わなかった場合に 0」のようにすれば回帰分析を行うことができる．ただし，その場合，第 2 章で述べたような直線を当てはめるとデータとのずれが大きくなることは見てとれるだろう．そのため，この場合は**ロジス**

ティック曲線とよばれる曲線を当てはめた回帰式

$$\hat{y} = \frac{1}{1 + \exp(-(a+bx))} \quad (3.4)$$

を考え，係数 a, b の値を推計することが多い．ここで，$\exp(x) = e^x$（e はネイピア数で約 2.71828）は指数関数である．ロジスティック曲線を当てはめる回帰分析を**ロジスティック回帰分析**という[※1]．

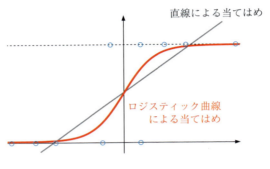

図 3.4 ロジスティック曲線

なお，ロジスティック曲線は，後に紹介するニューラルネットワークでもよく用いられている．形がアルファベットのSに似ていることから，**シグモイド曲線**とよばれることもある．意味するところは同じであるしどちらの呼び名を使ってもよいが，ニューラルネットワークや AI (人工知能) の分野ではシグモイドとよぶことが多い．

ロジスティック回帰分析は，第2章で述べた最小二乗法ではなく，最尤法とよばれる方法で計算する．ロジスティック回帰分析は Excel には組み込まれていないが，第4章で紹介するRのような統計解析ソフトには組み込まれており簡単に利用することができる．

[※1] 厳密には，ロジスティック回帰分析は，ロジスティック曲線が0から1の間の値をとることから，$\hat{y}$ を「$y = 1$ となる確率」とみなして，与えられたデータが起こる確率（尤度という）が最大になるように係数 a, b の値を求める．

3.3 ベイズ推論

3.3.1 ベイズの定理

ベイズ推論は確率論における**ベイズの定理**に基づいて，観測されたデータから，原因を推測する方法である．

ある事象 A が起こる確率を $P(A)$，事象 B が起こった場合に事象 A が起こる条件付き確率を $P(A|B)$ で表す．定義より

$$P(A|B) = \frac{P(A \cap B)}{P(B)} \tag{3.5}$$

である．ここで，$P(A \cap B)$ は事象 A, B がともに起こる確率である．

ベイズの定理とは，全事象が互いに交わりをもたない n 個の事象 $A_1, A_2, \ldots, A_n$ に分けられているとき，ある事象 B が起こったときの条件付き確率 $P(A_1|B)$ は

$$P(A_1|B) = \frac{P(B|A_1) \times P(A_1)}{P(B|A_1) \times P(A_1) + P(B|A_2) \times P(A_2) + \cdots + P(B|A_n) \times P(A_n)} \tag{3.6}$$

となる，というものである．

これは，図 3.5 を見るとわかりやすいであろう．確率を面積で表すと，条件付き確率は面積比となるから，条件付き確率 $P(A_1|B)$ というのは，図 3.5 でいうと

$$\frac{(A_1 と B の共通部分の面積)}{(B 全体の面積)} \tag{3.7}$$

であり，A_1 と B の共通部分がベイズの定理の分子，B 全体はタテの点線に沿って切ったものを足し合わせたものでそれが分母になっている，ということである．「定理」とついているが，条件付き確率の定義からすぐに導かれる自明な式であることがわかるだろう．ベイズ推論では，$P(A_1)$ を A_1 の事前確率，$P(A_1|B)$

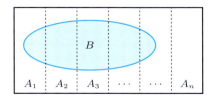

図 3.5 ベイズの定理

を事象 B が起きたあとの A_1 の事後確率として用いる．

3.3.2　ベイズ推論の応用例——迷惑メールの検出

　ベイズ推論の応用例としては，電子メールにおける迷惑メール (スパムメール) の検出がある．われわれは毎日，大量の電子メールを受け取るが，そのうちの多くは，怪しげなセールスといった，いわゆる迷惑メールである．迷惑メールとそうでないメールとを自動的に判別できないものであろうか．ここで登場するのがベイズ推論である．

図 3.6　迷惑メール

　迷惑メールには，「無料ご招待」や「当選」のような，読む人を惹きつけるいくつかの特徴的な言葉が用いられることが多い．もちろん，迷惑メールでない普通のメールにおいてもこれらの言葉が使われることもあるが，可能性としては，迷惑メールで使われることのほうが多いであろう．メールに含まれる単語をもとに，迷惑メールかどうかを確率的に判断することを考えよう．

　ベイズ推論を行うためには，「事前確率」および「条件付き確率」が必要である．迷惑メール判断のような場合は事前確率に過去のデータを使うことができる．たとえば，表 3.3 のようなデータから，「無料ご招待」および「当選」という両方の言葉を含むメールが迷惑メールである確率を計算してみよう．

　迷惑メールである確率を $P(迷惑メール)$，「無料」という言葉を含むメールが迷惑メールである条件付き確率を $P(迷惑メール|「無料」)$ などで表すこととする．

　10 通のうち 3 通が迷惑メール，7 通が普通のメールなので，事前確率は，$P(迷惑メール) = 0.3$, $P(迷惑メールでない) = 0.7$ としてよいだろう．あとは，$P(「無料ご招待」\cap「当選」|迷惑メール)$ などの条件付き確率が必要であり，そうやって計算してもよいのだが，判定に用いる単語の数が増えれば (たとえば n 個)，それぞれの単語が含まれるか含まれないかの組み合わせは 2^n 通りとなって，計算が大変である．また，表 3.3 のように，「無料ご招待」と「当選」の両方を含むデータが存在しないこともありうる．そのため，実務上よく用いられる「単純ベイズモデル (ナイーブベイズモデル)」とよばれるものでは，"迷惑メールに対し，「無料ご招待」という言葉が使われるかどうかと「当選」という

3.3 ベイズ推論　　83

表3.3 ベイズ推論

	「無料ご招待」	「当選」	迷惑メールかどうか
1	−	○	迷惑メール
2	○	−	迷惑メール
3	−	○	迷惑メール
4	−	−	普通のメール
5	○	−	普通のメール
6	−	○	普通のメール
7	−	−	普通のメール
8	−	−	普通のメール
9	−	−	普通のメール
10	−	−	普通のメール

言葉が使われるかどうかなどは独立"，すなわち

P(「無料ご招待」∩「当選」| 迷惑メール)

$$= P(「無料ご招待」| 迷惑メール) \times P(「当選」| 迷惑メール) \quad (3.8)$$

と仮定する．そうすれば，条件付き確率としては n 通りの値を準備しておけばよいので計算が少なくて済む．普通のメールについても同様に仮定する．

この仮定の下で，条件付き確率を計算すると，

P(「無料ご招待」∩「当選」| 迷惑メール)

$$= P(「無料ご招待」| 迷惑メール) \times P(「当選」| 迷惑メール)$$

$$= \frac{1}{3} \times \frac{2}{3} = \frac{2}{9} \quad (3.9)$$

P(「無料ご招待」∩「当選」| 普通のメール)

$$= P(「無料ご招待」| 普通のメール) \times P(「当選」| 普通のメール)$$

$$= \frac{1}{7} \times \frac{1}{7} = \frac{1}{49} \quad (3.10)$$

となり，ベイズの定理より，

$$P(迷惑メール |「無料ご招待」∩「当選」) = \frac{\frac{2}{9} \times \frac{3}{10}}{\frac{2}{9} \times \frac{3}{10} + \frac{1}{49} \times \frac{7}{10}}$$

$$= \frac{14}{17} = 0.82 \cdots \quad (3.11)$$

と計算される．この結果から，何も情報がない状況では迷惑メールである確率は30％であったのに，「無料ご招待」と「当選」という言葉を含んでいるという情報を得ることによって，迷惑メールである確率は82％に改められた，ということになる．

ベイズ推論は，上記のようなもの以外にもさまざまな分野で応用されており，たとえば以下のような分野への応用が可能である．

- B君は，熱が39℃あって，筋肉痛もあるが，咳はない．この場合，B君はインフルエンザであるか
- 容疑者Cは，犯行現場に残された血痕と血液型は一致しており，履いている靴のメーカーも現場に残された足跡と一致している．この場合，容疑者Cは犯人であるか
- ある家族に，出生児～乳児期に発症する遺伝疾患を発症した子が2人，健康な子が1人いる．この場合，健康な子は原因遺伝子を持っている保因者か

3.4 アソシエーション分析

アソシエーション分析は，「おむつを買う人は，同時にビールを買う確率が高い」という分析で有名になった手法であり，マーケティングの分野では「どの商品が一緒の買い物かごに入っているか」という意味でマーケットバスケット分析とよばれることもある．単純ではあるが，

図 3.7 スーパーマーケット

大量のデータから，どの2つの事柄が同時に起こる可能性が高いかを発見することに使える，汎用性の高い手法である．

まず，「おむつを買う人は，同時にビールを買う確率が高いのか」が数学的にはどのように表されるのかを考えよう．このことは，確率の言葉に言い換えると，「ある人が，おむつを買ったという条件の下で，ビールも買う確率」という条件付き確率を求めることになる．

おむつを買う確率を P(おむつ) で表すことにすると，条件付き確率は，

$$P(\text{ビール}\,|\,\text{おむつ}) = \frac{P(\text{ビール}\cap\text{おむつ})}{P(\text{おむつ})} \qquad (3.12)$$

である．一方，これと比較するのは，「ある人が，おむつを買ったかどうかに関係なく (条件なしで) ビールを買う確率」であり，これは P(ビール) と表される．「おむつを買う人は，一般の人と比べて，同時にビールを買う確率が高い」ということは，P(ビール | おむつ) が P(ビール) より大きいということだから，これは，比 $\dfrac{P(\text{ビール}\,|\,\text{おむつ})}{P(\text{ビール})}$ が 1 より大きいかを見ればよい．

条件付き確率の定義より，

$$\frac{P(\text{ビール}\,|\,\text{おむつ})}{P(\text{ビール})} = \frac{P(\text{ビール}\cap\text{おむつ})}{P(\text{おむつ})\times P(\text{ビール})} \qquad (3.13)$$

となる．これを**リフト値**といい，リフト値が 1 より大きければ「おむつを買う人は，同時にビールを買う確率が高い」ということになる．この場合，お店としては，おむつの横にビールを陳列しておけば，売上アップが期待できるであろう．このようにして，リフト値を計算して「ある 2 つの事柄が同時に起きる可能性が高いか」を分析する手法を**アソシエーション分析**という．

なお，実際のビジネスでは，リフト値が 1 より大きいからといって，それだけで商品を並べておくということにはならない．おむつを買った人がビールも一緒に買う確率がもともと 0.1 ％くらいであれば，それが通常の人がビールを買う確率の 2 倍だからといってわざわざ商品陳列を変えたりはしないであろう．また，そもそもビールとおむつを一緒に買う人が 1 年間に 1 人か 2 人しかいなければ，やはりそのために商品陳列を変えたりはしないであろう．そのため，リフト値が 1 より大きいかどうかだけでなく，

$$支持度 = P(\text{おむつ}\cap\text{ビール}) \qquad (3.14)$$

$$信頼度 (\text{おむつ}\rightarrow\text{ビール}) = P(\text{ビール}\,|\,\text{おむつ}) = \frac{P(\text{ビール}\cap\text{おむつ})}{P(\text{おむつ})}$$

$$(3.15)$$

といった指標も使う．支持度は 2 つの商品を同時に買った人の割合を表し，信頼度は一方の商品を買った人のうちもう一方も買った人の割合を表す．そこで，

86 第3章 データサイエンスの手法

「支持度や信頼度が (たとえば) 0.1 以上のものの中から，リフト値が1を超える
ものを選ぶ」という形で，ビジネスに意味があるものを選ぶこととなる．なお，
式 (3.13)～(3.15) からわかるように，リフト値と支持度はおむつとビールの順
序を入れ替えても同じ値になるが，信頼度は「おむつ → ビール」と「ビール →
おむつ」で異なる値となるので，順番が重要である．

P(おむつ) や P(ビール $\cap$ おむつ) は，たとえばスーパーマーケットの POS
データを使って，

$$P(おむつ) = \frac{おむつを買った客の数}{すべての客の数} \qquad (3.16)$$

$$P(ビール \cap おむつ) = \frac{ビールとおむつの両方を買った客の数}{すべての客の数} \qquad (3.17)$$

として求められる．

スーパーマーケットで扱う商品の種類は非常にたくさんあるので，その中か
らビジネス的に意味のある商品の組み合わせを見つけ出すのは手作業ではたい
へんな作業である．アソシエーション分析で用いられるリフト値や支持度，信
頼度などの指標は掛け算，割り算だけで計算できるので，コンピュータを使って
多数の商品の組み合わせに対するこれら指標を計算し，意味のある組み合わせ
を見つけ出すときに，計算時間が短くて済む．この計算の簡便さもアソシエー
ション分析の有用性の1つである．

アソシエーション分析は，スーパーマーケットの商品分析だけでなく，アン
ケートのテキスト分析 (「満足」という言葉と同時に現れる確率が高い単語の抽
出) など，幅広い分野で使うことができる．

3.5 クラスタリング

3.5.1 距離とクラスタリング

ビッグデータを扱うビジネスでは，対象の数は一般に極めて多数になる．た
とえば，インターネットショッピングでは顧客の人数が数百万人になることも
珍しくない．そのような多数の顧客は好みも千差万別であろうから，全員に同
じキャンペーンメールを一斉送信することは効率が悪いであろう．そうすると，

顧客をいくつかの属性 (年齢，年収，家族構成，買ったものなど) を使って互いに似通った人同士にグループ分けし，それぞれのグループに対して最適なキャンペーンメールを送ればよいということになる．この，「いくつかの属性を使って，互いに似通った人同士でグループ分けする」というのが**クラスタリング**とよばれる手法である．マーケティングでは，グループをセグメントということもある．

クラスタリングを行うには，まず，どのような属性を使ってグループ化するかを決めなくてはならない．ネットショッピングであれば，顧客の年収やこれまで何をいくら買ったかという情報が重要であろう．子供向けおもちゃの通販サイトであれば子供がいるかといった家族構成も重要であろう．このように，どのような属性を使ってクラスタリングを行うかは，分析者が分析の目的を踏まえて決定する必要がある．

次に，「似通っているかどうか」を数学的に表す必要がある．これは，数学的には「距離」というものを定義して，

$$\text{似通っている} \iff \text{「距離」が近い}$$

と判断すればよい．「距離」というのは，「滋賀県と京都府は近い」のような物理的距離だけでなく，「A さんと B さんは年収の金額が近い」のようなものも考えることができる．この場合は，

A さんと B さんの年収の「距離」= |(A さんの年収) − (B さんの年収)|　　(3.18)

とすればよい (| | は絶対値)．

さらに，年収だけでなく，年齢のような他の属性も一緒に考えた場合の「距離」はどうなるであろうか．図 3.8 には，「年収」と「年齢」の 2 つの属性を使っ

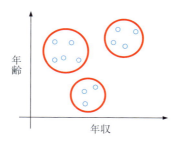

図 **3.8**　クラスタリング

88　　第3章　データサイエンスの手法

てクラスタリングをする例をあげているが，この図における A さんと B さんの距離は，三平方の定理を使って，

$$\sqrt{(\text{A さんの年収} - \text{B さんの年収})^2 + (\text{A さんの年齢} - \text{B さんの年齢})^2} \quad (3.19)$$

と計算できる．2つの軸の単位が異なるが，ここでは抽象的な「距離」と考えることにする．さらに属性の種類が増えて3次元，4次元，… となった場合でも，

$$[(\text{A さんの年収} - \text{B さんの年収})^2 + (\text{A さんの年齢} - \text{B さんの年齢})^2$$
$$+ (\text{A さんの家族の人数} - \text{B さんの家族の人数})^2$$
$$+ (\text{A さんの旅行支出} - \text{B さんの旅行支出})^2 + \cdots]^{\frac{1}{2}} \quad (3.20)$$

という計算で，距離を求めることができる．

3.5.2　階層クラスタリング

このようにして似通っている度合い＝「距離」を決めて，次に，どうやってグループを作っていくかを考えよう．まず思いつくのは，距離が一番近い2つの点を選んできてそれをくっつけ，次にまた距離が近いものをくっつけ，… ということを繰り返していくことである．つまり，

① まず，A さん，B さん，C さん，D さん，E さん，… の中から距離が一番近いものを選んでくっつけ (たとえば B さんと D さんであったとして)

② 次に，A さん，{B さんと D さん}，C さん，E さん，… の中から距離が一番近いものを選んでくっつけ[※2]，

③ 次に，…(繰り返し)

ということを行うのである．

すると，図3.9のようにトーナメント表のようなものができる．これにより，全体をたとえば3つのグループ (クラスター) に分けたければ，上から2段目ま

[※2]　「A と {B, D} の距離」をどう計算すればよいかは必ずしも明らかではない．実は，このような距離は，いくつかの考え方があり，

- 「A と B の距離」と「A と D の距離」の短いほうをとる方法
- 「A と B の距離」と「A と D の距離」の長いほうをとる方法
- 「A と {B と D の真ん中の点} との距離」をとる方法

などがある．そして，どの方法をとるかによって結果も異なるものになるが，本書の程度を超えるものであるのでここでは省略する．

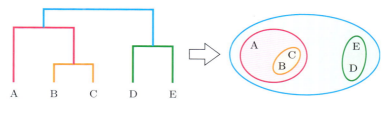

図 3.9 階層クラスタリング

でを見て，A と {B, D} と {C, E} というグループだということになる．

このように，下から積み上げていってクラスタリングを行うものを**階層クラスタリング**という．

階層クラスタリングは直観的にも意味がわかりやすいが，計算量が膨大になるという欠点がある．たとえば，1 万人の人をクラスタリングしようとすると，最初に一番距離が近い 2 人を選ぶのに，1 万人から 2 人を選ぶ組み合わせ $_{10000}C_2 = 49{,}995{,}000$ 回の計算を行ってそれらの大小を比較し，次に $_{9999}C_2 = 49{,}985{,}001$ 回の計算を行ってそれらの大小を比較し，… ということを延々と行う必要がある．そして，実際に使うのは，せいぜい最後の数段のところだけということになる．ビッグデータを扱う場合，計算量が膨大であるということは大きな欠点である．

3.5.3　非階層クラスタリング：k-means 法

階層クラスタリングの欠点を克服するために考えられたのが，**非階層クラスタリング**とよばれる手法である．ここでは，非階層クラスタリングの中で代表的な手法である **k-means 法**を紹介しよう．

k-means 法では，まず，全体をいくつのグループ (クラスター) に分けるかを決める．そして，たとえば $k = 5$ 個のクラスターに分けるとした場合，対象を適当に (!) 5 つのグループに分けてみるのである．すると，当然のことながら，それらは最も距離が近いもの同士になっているとは限らない．そこで，5 つのグループそれぞれについてその中心点を求め，各点がどの中心点に最も近いかを計算して最も近いグループに分類し直すのである．こうすると，それぞれの点が各グループの中心点のうち最も近いところに分類できるように思うかもしれ

ないが，残念ながら，ここで用いた各グループの中心点は最初のグループ分けのときの点から求められたものなので，分類し直しのために中心点は最初のものからずれてしまう．そのため，また新しいグループ分けに対して各グループの中心点を求め，それぞれの中心点に最も近い点を集めて分類し直し，…ということを何度も繰り返すのである．このような計算を分類し直しがなくなるまで(収束するまで)行う．計算が大変だと思うかもしれないが，実際は階層クラスタリングよりもはるかに速く，最終的な答えにたどり着くことができる．

クラスタリングは，対象をいくつかのグループ(クラスター)に分類してくれるが，それぞれのクラスターがどのような性格をもっているかは分析者が解釈を行う必要がある．たとえば，「このクラスターは，年収が高く旅行支出も多い．では，これらの人に，旅行商品を勧めるメールを送ってみよう」といったことは，分析者が別途考える必要がある．また，k-means法のような非階層クラスタリングでは，いくつのクラスターを作るかといった条件設定や，最初の(適当な)グループ分けにより結果が異なったものになる場合があることには注意が必要である．しかし，そのような欠点はあるものの，全体的な傾向をつかむという意味では強力な手法であり，実際のビジネスでは数多く用いられている．

3.6 決定木

読者はタイタニック号の悲劇について知っているであろう．豪華客船タイタニック号が処女航海において北大西洋で氷山に衝突し多くの犠牲者を出した痛ましい事故である．

タイタニック号の遭難では，

- 女性のほうが男性より生き残りやすかった
- 1等船室の客員のほうが，2等や3等の客員より生き残りやすかった
- 3等船室の客員の死亡率が高かった

図 3.10 タイタニック号沈没
(ウィリー・ストーワー，1912)

などのことがいわれている．これらのことをデータで検証するためには，すで

に紹介したクロス集計表によるのが最も基本的な手法である.

タイタニック号には乗客,乗員合わせて2201人が乗っており,そのうち生き残ったのは711人,死亡したのは1490人であった[※3].乗っていた人たちは,性別や年齢,船室の等級などの項目によって分類できるが,たとえば,性別でクロス集計してみると,

表 3.4

	生存	死亡	合計	生存率	死亡率	合計
男性	367	1364	1731	21%	79%	100%
女性	344	126	470	73%	27%	100%
合計	711	1490	2201	32%	68%	100%

となる.また,客室の等級でクロス集計してみると,

表 3.5

	生存	死亡	合計	生存率	死亡率	合計
3等船室	178	528	706	25%	75%	100%
その他	533	962	1495	36%	64%	100%
合計	711	1490	2201	32%	68%	100%

となる.これを見ると,確かに女性のほうが男性より生き残りやすく,3等船室の客員の死亡率が高いこと,さらにこの2つを比較すると生死を分けた要因としては性別のほうがより効いていそうだということが見てとれる.

上記のように,性別や客室の等級のような複数の要因があるときに,そのうちのどれが大きな影響を及ぼしたのかを分析する手法はないだろうか.ここで紹介する**決定木分析**は,そのような複数の要因を整理してビジュアル的に示してくれる手法である.

数学的にどのような計算をしているかは後回しにして,まず,決定木がどのようなものか,図3.11で見てみよう.これを見ると,生存・死亡と最も関連が深かったのがその人の性別であることがわかる.「性別」の枝分かれを左下にたどっていくと,女性であれば470人のうち344人が生き残って126人が死亡した

[※3] タイタニック号の犠牲者数については諸説あるが,ここでは,第4章でも紹介する統計ソフトRのデータセットに含まれているものを使用した.

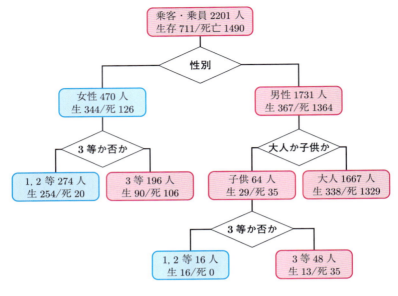

図 3.11 決定木

ことがわかり (生存率 73%)．一方，枝分かれを右下にたどっていくと男性であれば 1731 人のうち 367 人が生き残って 1364 人が死亡しており (生存率 21%)，性別が生死の大きな分かれ目であったことが見てとれる．次に，女性についてどのような項目が生死に関連が深かったかを見ると，それは等級であって，3 等船客以外 (1 等，2 等および乗員) であれば 274 人のうち 254 人が生き残ったが 3 等船客だと 196 人中 90 人しか生き残らなかったということが見てとれる．図では生存率が 50% 以上のところを青，50% 未満のところを赤で示した．

　決定木分析は，結果が視覚的でわかりやすいこと，計算が簡単であることなどから，ビジネスの分野でも頻繁に用いられている．応用分野は広く，たとえば「わが社の販売している飲料をよく買ってくださるお客様はどのような方か」を分析するのに，年齢や性別，住んでいる地域などによって決定木を描く，といった使い方がある．

3.7 ニューラルネットワーク

ニューラルネットワークは，動物の神経回路の働きをモデルにした情報処理のネットワークであるが，近年，AI (人工知能) の基礎として，広く用いられるようになっている．

動物の神経の一つひとつは，とても単純な働きをしていると考えられている．外部からの刺激 (光や熱や痛みといったもの) があると，その刺激が弱いものであれば特に何の反応も示さないが，刺激の強さがある限界点 (閾値とよばれる) を超えると出力信号を出し，ネットワークの次の細胞に引き継ぐ．その信号を受け取った神経はまた同様の働きをして，入力がある閾値 (さきほどの神経の閾値とは異なる) を超えると出力信号を出し，ということが積み重なって，複雑なネットワークを形成している．

図 3.12 の一つひとつの ◯ 印をユニットとよぶ．ニューラルネットワークとはこのように多数のユニットが組み合わさってネットワークを形成したものである．そして，一番左側のユニットの集まりを入力層，一番右側を出力層，その間を中間層という．中間層が複数あるものは深層ニューラルネットワークとよばれ，これを使った機械学習が**深層学習 (ディープラーニング)** である．複数のユニットに対して出力を出すユニットもあるし，逆に複数のユニットから入力を受け取るユニットもある．

それでは，複数の入力があるユニットは，どのような働きをするのだろうか．ニューラルネットワークでは，複数の入力があった場合のユニットの働きを，次のようにモデル化している．

入力が $x_1, x_2, x_3, \ldots$ であったとき，それぞれの入力を公平に扱うことは必ずしもないであろう．1 番目の入力は重要だからウェイトを高く評価するということもあるだろうし，中には他の入力とは逆方向 (マイナスの方向) に働くものもあるだろう．それらをまとめて簡単に 1 次関数で表すこととすれば，

$$w_1 x_1 + w_2 x_2 + w_3 x_3 + \cdots \tag{3.21}$$

という入力があって，これが閾値 b より小さければ 0，b 以上であれば 1 を出力するというモデル化ができる．

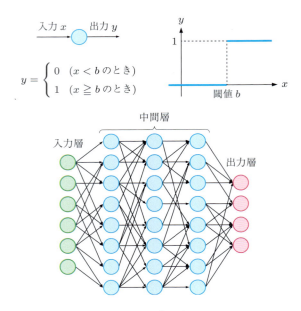

図 3.12 ニューラルネットワーク

このように，一つひとつのユニットの働きは単純なものであるが，それらを多数組み合わせてネットワーク化することにより，きわめて複雑な計算も行うことができる．

ニューラルネットワークは，任意の曲線を近似できる．これによって，回帰分析と同様に，目的変数と説明変数のデータからその間の関係を見出し予測できる．それどころか，通常の回帰分析よりもはるかに複雑な関係の予測ができる．たとえば，回帰分析のところで取り上げたように気温と曜日からアイスクリームの売上を予測する，ということに用いられる．回帰分析では回帰式がどのような形をしているか (1 次式か 2 次式かなど) を自分で決める必要があったが，ニューラルネットワークでは階層の数を増やせばどんな複雑な関数も近似できる上にどのような関数が当てはまりがよいかを自動的に計算してくれる．その反面，目的変数と説明変数との間の関係式が明示的に示されるわけではないので「結果はわかったがなぜそうなるのかは説明困難」というブラックボックスとなる危険性もある．

3.8 機械学習と AI (人工知能)

3.8.1 機械学習と AI の進展

最近では，**機械学習**や **AI** といった言葉が大流行で，新聞を見ると「機械学習によりスパムメールを検知」とか「AI が囲碁の世界チャンピオンに勝利」，「○○社はエアコンに AI を搭載し，最適な温度コントロールを実現」といった記事を毎日目にする．

AI の分野は日々進化しておりその全貌をここで紹介することはできないが，基本的な概念について簡単に説明する．

図 3.13 ソニー　エンタテインメントロボット "aibo" (アイボ)「ERS-1000」

「機械学習」や「AI」という言葉は，いずれも，きちんとした学問的定義があるわけではなく皆が「何となくこういう意味であろう」として使っている，いわゆるバズワードであるともいえる．たとえば図 3.13 のような家庭用ロボットが AI だと言われることもあるが，

- 「機械学習」とは，人間がさまざまな現象を経験したり目にしたりして学習していたことにならって，機械 (コンピュータ) でも同様に，多数のデータを与えることによって，そこから一定の法則などを見出すようにすること
- 「AI」とは，機械学習を使って，機械 (コンピュータ) に，人間の知能と同様の働きをさせるようにしたもの

ということができるだろう．ここでいう「法則」とは，別に教科書に載るような「○○の法則」である必要はない．これまでに紹介したような「気温が 1 ℃ 上がるとアイスクリームの売上が 100 個増える」とか，「タイタニック号での生死を分けた要因は性別だった」などでもよい．さらに，そのような単純なルールではなく，「将棋で次の一手で何を指すと，最終的に勝つ確率が上がるか」，「イヌとネコを見分けるポイント」のような複雑なものもある．つまり，昔であればそのような法則を人間がコンピュータにプログラムとして与えなければならな

96   第 3 章　データサイエンスの手法

かったものが，機械学習では機械がそれを見つけ出すということである．

3.8.2　ニューラルネットワークにおける学習

　ニューラルネットワーク，あるいはそれを複雑化した深層学習も，基本的な仕組みは前節で紹介した単純なものである．ただし，そこでも紹介したように，ユニットの数をどんどん増やしていけば複雑な関数も表現できる．1層のみからなるニューラルネットワークではユニットが多数必要になるが，多くの中間層を含んだ深層学習にすると，全体のユニット数が少なくても複雑な計算ができることが知られている．この場合の「学習」とは，データから，最適なパラメーター b や w を求める作業であるということができる．

　ただ実際には，ニューラルネットワークにおける学習というのはなかなか厄介である．すでに紹介したように，ニューラルネットワークでは，2次関数や3次関数，さらに三角関数といったような複雑な関数を再現できる．これが逆に厄介なのである．「バタフライ効果」という言葉があるが，これは「非線形」な世界，つまり1次式では表されないような世界では，初期値やパラメーターをほんの少し変えるだけで結果が大きく変わる（ニューヨークでの蝶の羽ばたきが東京で台風を巻き起こす）現象のことをいう．ニューラルネットワークの学習では，最適なパラメーターの値を決めるために，パラメーターの値を少しずつ変えていって出力がどうなるかを見るのだが，非線形であるために，パラメーターの値をほんの少し変えただけで結果が大きく動き（場合によっては無限大に発散してしまう），計算できないといったことが起こる．このような状況を避けてうまく答えを見つけるような計算方法（アルゴリズム）の研究が，今でも活発に進められている．

3.8.3　教師あり学習と教師なし学習

　機械学習において，**教師あり学習**と**教師なし学習**という分類がよく使われるので，その意味を説明しておこう[4]．

　「教師あり学習」というのは，もともとのデータで正解／不正解がわかってい

---

[4] 機械学習の第三の区分として，**強化学習**がある．強化学習では，環境の中で行動するエージェント（ロボットのようなもの）を考える．行動の結果に何らかの「よさ」の尺度が与えられているとき，エージェントが試行錯誤で「よい」結果を得られる行動を探すのが強化学習である．

る状況の下，機械としてはできるだけ正解率を上げるように「学習」する (回帰分析のパラメーターを決めるなど) ものである．たとえば，回帰分析では，「気温が30℃の場合にアイスクリームは100個売れた」といった正解 (データ) があらかじめ与えられていて，生徒たる機械は，できるだけその正解に近くなるように回帰式のパラメーターを決めるのであった．決定木も教師あり学習の1つである．決定木では，たとえばタイタニック号において誰が死に誰が生き残ったかといった，正解がわかっているデータに対して，どの要因が効いていたかを見つけ出す，というものであった．

　一方，「教師なし学習」というのは，もともとのデータで正解／不正解がわかっていない状況で，何らかのルールを見つけ出そうというものである．「正解がないのに，どうやってルールを見つけるのか」と思うかもしれないが，3.5節で紹介したクラスタリングは教師なし学習の代表的な例である．クラスタリングにおいては，たとえば「Aさんはどのクラスターに入るのか」ということは学習前にはわかっていない．分析者がクラスタリングを実行して初めて，たとえば「Aさんは『スィーツ好き女子』というクラスターに属する」ということがわかるのである．

3.8.4　過学習

　機械学習や人工知能の発展に伴って，**過学習**という問題も起こるようになってきた．文字どおりに読むと「機械の勉強しすぎ」ということなのだが，データを学習すればするほどよいというわけではない，ということである．

　我々が入手できるデータには，通常，さまざまな誤差が含まれている．たとえば，図3.14では，本来は $y = x$ という単純な直線関係の法則がある現象の観測データであっても，誤差のために観測されるデータは直線から少しずれたところに位置している．これを単純な直線で回帰すれば問題は起こらないのだが，下手に深層学習を使ったりすると，そのような誤差をすべて拾ってきてしまって，図3.14のような複雑な曲線を描いてしまう．これはこれで，与えられたデータにはうまくフィットしているのだが，これを使って将来予測をすればずいぶん外れた答えになり，深層学習を使うより単純な直線回帰のほうがよかった，ということにもなりかねない．このような現象を「過学習」という．

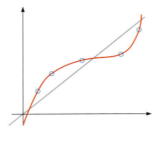

図 3.14　過学習

　過学習を避けるには，たとえば回帰分析であればやたらに変数を増やさない，深層学習であればやたらにユニットの数や中間層の数を増やさない，といったことが必要になる．

3.8.5　AI (人工知能) の隆盛

　今や，我々の周りは AI (人工知能) であふれている．たとえば，日常何気なく使っているスマートフォンでは，文字入力のときに途中まで入力すると自動的に入力候補を提示してくれるし，写真を撮るときに人間の顔を検出してピントを合わせてくれるのは AI による画像認識技術である．電話に向かって音声で質問をすると答えを返してくれる機能は AI による音声認識技術に支えられている．社会に目を転ずると，AI が囲碁で世界チャンピオンに勝った，AI が難病の診断をして人命を助けた，AI を会社の人事評価や採用に活用した，AI によって顧客の好みを分析し新商品を開発した，などの新聞記事が毎日のように掲載される．

　報道されている AI は，「ドラえもん」のような単一の機械であらゆる作業を人間と同等あるいはそれ以上に処理できる AI (**汎用型 AI**) ではないことに注意する必要がある．現在実現されている AI は特定の作業を処理するために設計された AI (**特化型 AI**) である．実用的な汎用型 AI はまだ登場していない．しかし，特化型 AI ではあっても，複数の AI を組み合わせれば全く新しい機能を実現でき，これまで AI は爆発的に進歩してきたことを考えれば，発展の余地は大きいであろう．

　近年では，**ChatGPT** に代表される生成 AI が急速に実用的になり，汎用型

3.8 機械学習と AI (人工知能)　　99

AI へ近づいてきた．大量の文章で学習した生成 AI は**大規模言語モデル**とよばれる．大規模言語モデルによって，プログラミングや文章の作成の補助など，さまざまな作業の効率化が見込まれている．まず汎用的な文章の処理ができる大規模言語モデル (**基盤モデル**) を作り，これをさまざまな応用領域 (翻訳・対話・プログラミング補助など) に使えるように調整することで多くの AI が作られている．それぞれの用途のために調整されている AI でも，望みの出力を得るためには入力文 (プロンプト) に工夫が必要であることも多い．入力文を工夫する作業や技術を**プロンプトエンジニアリング**とよぶ．生成 AI の開発ともに利用法の工夫も今後急速に発展すると予想される．

　イギリスの『エコノミスト』誌は 2017 年に「データは 21 世紀の石油である」との記事を掲載した．今やデータがないと自動車は走れないし機械も動かない．まさに「データなくしては何もできない」といった産業構造の変化が起こりつつある．一方，石油に精製が必要なようにデータもそのままでは使えない．データを整理し，適切なアルゴリズムを用いて分析し，そこから価値を引き出すデータサイエンティストが必要となってくる．

　「現在は人が行っている仕事の多くが AI にとって代わられるのではないか」ということもいわれている．確かに，単純作業に関してはその多くが AI で代替されてしまうであろう．しかし一方で，その AI を使いこなすデータサイエンティストの仕事は今後飛躍的に増加するであろうし，また，AI が行っているのは基本的に過去のデータからパターンを見出すことなので，そのパターンに基づいて判断を下す，あるいは過去のパターンでは予測できないことに対処するのは人間の役割である．読者にはぜひ，AI と無駄な力比べをするのではなく，AI を使いこなせる人材になってもらいたい．

第4章

コンピュータを用いた分析

　データサイエンスを身につけるためには，頭で考えるだけでなく，実際にデータをさわってみてグラフを描いたり回帰分析を行ったりすることが不可欠である．今や，多くのデータがオープンデータとしてインターネット経由で入手可能であり，それらを解析するソフトウェアも簡単に利用できるようになっている．

　この章では，代表的かつ容易に利用できるソフトウェアおよびプログラミング言語として，Excel，R，Python の 3 つを取り上げ，それらを使ったデータ分析のやり方を解説する．

　Excel は広く使われている表計算ソフトであり，データの整理や回帰分析などの簡単な統計分析もできる便利なソフトである．ただし最新の分析手法まではカバーしていない．

　R は無料でダウンロードできる統計解析用のソフトウェアであり，最新の分析手法もパッケージをダウンロードすることにより簡単に利用できる．日本語で多くの解説書が出版されているのも強みである．

　Python も無料でダウンロードできるプログラミング言語であり，書きやすく読みやすい上に機械学習関係のパッケージが充実しており，グーグルなどの IT企業でも採用されている．ある程度プログラミングに慣れる必要はあるが，その分，汎用性では R より優れているといえる．

　読者はぜひ，自らコンピュータを操作して，データ分析を実感してほしい．

4.1 Excelを用いたデータ分析

Excelは，マイクロソフト社が提供している表計算のソフトウェアであるが，データを表の形式で整理することから，表計算として利用する以外にも，データの整理などに広く使われている．

Excelは統計分析に関するさまざまな機能を有していて，グラフに関しては棒グラフ，折れ線グラフ，円グラフ，ヒストグラム (パレート図を含む)，散布図といったさまざまなグラフを描くことができる．データ分析に関しては，平均や分散，共分散，四分位点といった統計量の計算や，回帰分析，t 検定，F 検定などが組み込まれており，さらにソルバー機能を利用すればもっと複雑な分析を行うこともできる．データサイエンスで用いられる手法も，多くは Excel で実行可能である．

この節では，Excelを用いたデータ分析として，データの取得，各種の統計量の計算，ヒストグラムや箱ひげ図，散布図の作成，回帰分析を取り上げる．なお，ここでは原稿執筆時点での Microsoft 365 を例に記述するため，それ以前のバージョンとは関数名や機能に一部異なるところがあるので注意されたい．

4.1.1 データの取得

第1章，第2章でも紹介したように，e-Stat やその他さまざまなウェブサイトにおいてデータが公開されている．数値データは多くの場合，Excel ファイルや CSV，xml などの形式で公開されており，Excel で読み込むことができる．また，いったん Excel でデータを読み込んだ後，Excel 上でデータを整形・加工してから R や Python で利用することも多い．

第1章で紹介した政府統計のポータルサイト e-Stat にアクセスすると，図 4.1 のような画面が出てくる (2024 年 9 月時点での画面)．ここで，探している統計を分野名や組織名から検索するか，「キーワードで探す」の欄に入力することによって，求める統計にアクセスできる．

e-Stat では多くのデータが CSV 形式で提供されており，Excel でそのまま読み込むことができる．また，政府統計の統計表は分類項目がとても多いのが一般的だが，e-Stat の中で「DB」と書かれてあるものについては，データベース

図 4.1　e-Stat のトップページ

のように，多数の項目から必要なものだけに絞って表示させることができる．

4.1.2　さまざまな統計量の計算

Excel を使うと，第 2 章で紹介したさまざまな統計量 (平均値，分散，四分位点，相関係数など) を計算できる．ここでは，第 2 章でも使った長崎市の 1990 年から 2019 年の 10 月 1 日の最低気温 (℃) (表 2.1) を使って計算してみよう．

図 4.2 のように，Excel の B3〜B32 のセルにデータを入力し，このデータの範囲の平均値，最大値，最小値，四分位点，分散，不偏分散，標準偏差を計算した．

- 平均値は AVERAGE(データの範囲)
- 最大値，最小値は MAX(データの範囲)，MIN(データの範囲)
- 第 1 四分位点は QUARTILE(データの範囲, 1)，
  第 2 四分位点 (中央値) は 1 のところを 2 に，第 3 四分位点は 3 に変える．
- 分散は VAR.P(データの範囲) (n で割るもの．データが母集団 (population) と考えて計算した分散なので，P がついている)
- 不偏分散は VAR.S(データの範囲) ($n-1$ で割るもの．データが母集団から抽出した標本 (sample) と考えて計算した分散なので，S がついている)
- 標準偏差は STDEV.P(データの範囲)

として計算できる (Excel で関数を使うときは，最初に「＝」をつける).

4.1 Excel を用いたデータ分析　　*103*

	A	B	C	D	E	F	G	H
1	長崎市の最低気温							
2		10月1日	11月1日	12月1日		平均	=AVERAGE(B3:B32)	19.27
3	1990	19.9	12.9	8.5		最大	=MAX(B3:B32)	24.1
4	1991	19.8	11.2	9		最小	=MIN(B3:B32)	13
5	1992	16.6	12.7	10.6		第1四分位点	=QUARTILE(B3:B32,1)	17.8
6	1993	13	10.4	10.6		第2四分位点	=QUARTILE(B3:B32,2)	19.85
7	1994	17	13.4	10.6		第3四分位点	=QUARTILE(B3:B32,3)	20.825
8	1995	20.2	10.7	7.6		分散	=VAR.P(B3:B32)	5.934767
9	1996	18.6	21.2	1.6		不偏分散	=VAR.S(B3:B32)	6.139414
10	1997	16.2	6.3	10.8		標準偏差	=STDEV.P(B3:B32)	2.436138
11	1998	21.9	15.5	10.3		共分散	=COVARIANCE.P(B3:B32,C3:C32)	1.238733
12	1999	21.4	14.8	5.6		相関係数	=CORREL(B3:B32,C3:C32)	0.162436
13	2000	20.6	16.4	8.9				

図 4.2　さまざまな統計量の計算

なお，上記の数値例に対して 2.1.2 項で説明した「ヒンジ法」とよばれる四分位点の計算方法を用いると，中央値は 19.85，第 3 四分位点は 20.9 となるが，Excel で計算される四分位点はこれとは異なることに注意しておこう．

Excel で計算しているのは，「内分点法」ともよばれる方法で，一番小さい値のデータがモノサシの 0，2 番目に小さい値がモノサシの 1，… にあたると考え，四分位点を求める．

データ系列が X と Y の 2 つあるような場合は，共分散や相関係数が計算できる．図 4.2 のようにセル C3〜C32 に 11 月 1 日のデータが入っていると，「10月 1 日の最低気温」と「11 月 1 日の最低気温」との

　共分散は COVARIANCE.P(B3:B32,C3:C32)

　相関係数は CORREL(B3:B32,C3:C32)

として計算できる．

4.1.3　グラフの描画 (ヒストグラム，箱ひげ図)

Excel にはさまざまなグラフを描く機能があり，棒グラフや折れ線グラフ，円グラフにとどまらず，ヒストグラムや箱ひげ図，散布図などのグラフ，さらにはこれらを組み合わせたグラフも描くことができる．

ここでは，第 2 章でも紹介した，ヒストグラムと箱ひげ図を描いてみよう．ヒストグラムを描くには，まず，データの範囲を指定して (図 4.3 の例だと，セル

104　第 4 章　コンピュータを用いた分析

B3～B32 に毎年 10 月 1 日の長崎市の最低気温のデータが入っているので，そこを指定する)，Excel の画面上部の「挿入」メニューから「グラフ」＞「すべてのグラフ」＞「ヒストグラム」と進んでいけば，図 4.3 のようにヒストグラムを描くことができる．

	A	B	C	D	E	F	G	H	I
1	長崎市の最低気温								
2		10月1日	11月1日	12月1日		平均	=AVERAGE(B3:B32)	19.27	
3	1990	19.9	12.9	8.5		最大	=MAX(B3:B32)	24.1	
4	1991	19.8	11.2	9		最小	=MIN(B3:B32)	13	
5	1992	16.6	12.7	10.6		第1四分位点	=QUARTILE(B3:B32,1)	17.8	
6	1993	13	10.4	10.6		第2四分位点	=QUARTILE(B3:B32,2)	19.85	
7	1994	17	13.4	10.6		第3四分位点	=QUARTILE(B3:B32,3)	20.825	
8	1995	20.2	10.7	7.6		分散	=VAR.P(B3:B32)	5.934767	
9	1996	18.6	21.2	1.6		不偏分散	=VAR.S(B3:B32)	6.139414	
10	1997	16.2	6.3	10.8		標準偏差	=STDEV.P(B3:B32)	2.436138	
11	1998	21.9	15.5	10.3		共分散	=COVAR(B3:B32,C3:C32)	1.228733	
12	1999	21.4	14.8					2436	
13	2000	20.6	16.4						
14	2001	20.9	15.7						
15	2002	17.8	12						
16	2003	15.6	18.6						
17	2004	18.6	13.2						
18	2005	22.6	10.4						
19	2006	20.1	14.2						
20	2007	21.2	15.4						
21	2008	20.6	13.9						
22	2009	21.5	17.2						
23	2010	18	11.9	9.4					

図 4.3　ヒストグラムの描画 (1)

　なお，これだと，データの範囲が [13, 15.8]，[15.8, 18.6]，··· のように中途半端であり，区間の数も自分で変更したくなるであろう．なお，第 2 章では「区間の数は標本の大きさ (サンプルサイズ) の平方根程度」という目安を紹介したが，それ以外にも，**スタージェスの公式**とよばれる「$1 + \log_2 N$」を用いること

もある[※1].

　図 4.3 のヒストグラムでも区間の幅や区間の個数を変更することはできるが，あまり自由度がないので，ここでは別の方法として，Excel の「データ分析」ツールを使ってヒストグラムを描く方法を紹介しよう．

　Excel の「データ分析」ツールは最初は組み込まれていないことが多いから，まずは画面上部の「データ」メニューを開いて，「データ分析」というツールがでてくるかを確認する．出てこなければ，「ファイル」＞「オプション」＞「アドイン」と進んで，「分析ツール」を組み込めば利用できるようになる．

　まず，先ほどと同様に，ヒストグラムを描く対象となるデータを準備し，今度はそれに追加して，ヒストグラムの区間を自分で入力する．図 4.4 の例では，「10〜15 ℃」，「15 ℃〜20 ℃」，「20 ℃〜25 ℃」，「25 ℃〜」という区間を設定することとし，セル E3〜E6 にはその区切りとなる 10，15，20，25 を入力する．

　次に，画面上の「データ」から「データ分析」＞「ヒストグラム」と進んでいけば，図 4.4 のようなボックスが表示される．ここで「入力範囲」に気温のデータ (B3〜B32)，「データ区間」に先ほど入力した区間の区切り (E3〜E6) を指定し，「グラフ作成」に ☑ を入れて OK を押すと，図 4.5 のように度数分布表とグラフが表示される．

　この場合，境界値は下のほうの区分に含まれる，すなわち「15.0」と記入してあるセルの右側には「$10.0 < x \leq 15.0$ を満たすような x の個数」が表示される．

　なお，この例の場合，最低気温のデータは連続的な量なので，ヒストグラムの棒が離れているのは正しくない．それを直すためには，グラフの棒を指定して右クリックすると「データ系列の書式設定」というボックスが現れるから，そこで「要素の間隔」を「0 ％」にすればよい．その他，横軸のラベルの修正やグラフタイトルの修正などを行って，グラフが完成する (図 4.6).

[※1] スタージェスの公式は，二項分布 (コインを k 回投げたとき，コインの表裏の出るパターンは $N = 2^k$ 通りあり，コインの表が出る回数は 0〜k 回の $(k+1)$ 通りある) をうまくヒストグラムに描くことに対応しており，この場合 $k = \log_2 N$ と表されるからヒストグラムの区間の数 $(k+1) = 1 + \log_2 N$ と表される．ここで，$\log_2$ は 2 を底とする対数を表す．

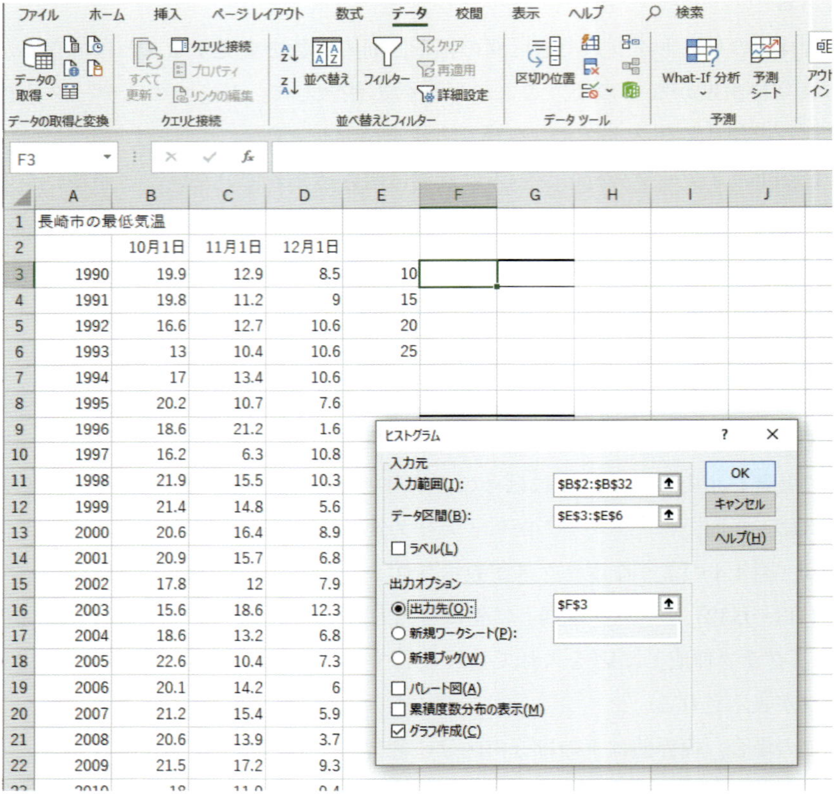

106   第 4 章　コンピュータを用いた分析

図 4.4　ヒストグラムの描画 (2)

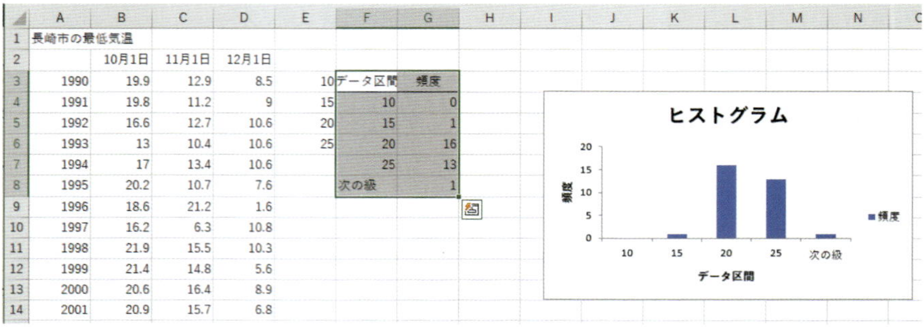

図 4.5　ヒストグラムの描画 (3)

4.1 Excel を用いたデータ分析　　107

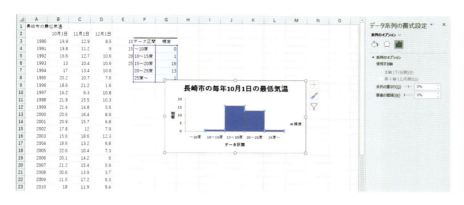

図 4.6　ヒストグラムの描画 (4)

次に，箱ひげ図を描いてみよう．これも Excel に組み込まれているので簡単に描くことができる．図 4.7 の Excel のシートには，10 月 1 日，11 月 1 日，12 月 1 日の 3 つの系列のデータが 3 列に分かれて入力されているので，3 つまとめて箱ひげ図を描いてみる．

まずデータが入力されている範囲 (この例では B3〜D32) を指定して，「挿入」＞「グラフ」＞「すべてのグラフ」＞「箱ひげ図」と進めば，図 4.7 のような箱ひげ図を描くことができる．なお，Excel の四分位点の計算方法には，2 通りの方法 (内分点法，外分点法) が準備されており，オプションでそれのどちらを使うかを選ぶことができる．その他，グラフのタイトルや軸のラベルなどを書き込んで，グラフを完成させる．なお，ひげの描き方は，2.1 節で紹介したテューキーの方式 (箱から箱の長さの 1.5 倍を超えて離れた点 (外れ値) を白丸の点で描き，外れ値でないものの最大値と最小値までひげを描く) である．

108   第 4 章　コンピュータを用いた分析

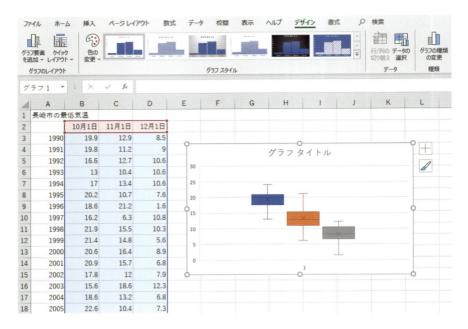

図 4.7　箱ひげ図の描画

4.1.4　散布図と回帰直線

　次に，Excel を使って，2 変量の間の関係を調べるための散布図の描画と回帰分析を行ってみよう．利用するデータは，2.2 節で用いた，2016 年の滋賀県大津市における月ごとの日最高気温の平均値 (℃) と二人以上世帯あたりの飲料支出金額 (円) である (以下，それぞれ気温，飲料支出という).

　図 4.8 のように，Excel の A 列に月，B 列に気温，C 列に飲料支出を入力する．気温と飲料支出との関係を調べたいので，それにあたるデータの範囲 B2〜C13 を指定して，画面上部のメニューバーから「挿入」>「グラフ」>「散布図」と進めば，図 4.8 のような散布図のアイコンが現れる．ここで左上のものをクリックすると，図 4.9 のような散布図が描かれる．

4.1 Excel を用いたデータ分析　　109

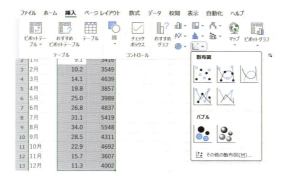

図 4.8　散布図の描画 (1)

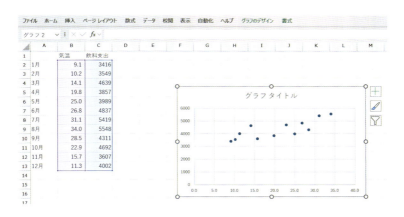

図 4.9　散布図の描画 (2)

この散布図にいくつか修正を加えよう．
1. まず，これではどの点が何月を表しているのかがわからないから，データに「ラベル」をつける．そのためには，散布図のどれか 1 つの点を選んで右クリックするといくつか表示が現れる．その中から「データラベルの追加」を選んで左クリックすると各点に縦軸の値 (3416 など) がラベル付けされる．次にこれを月の名前に変更するため，このラベル (3416 のような数値) の 1 つを選んでまた右クリックすると「データラベルの書式設定」というものが現れる．そこで「ラベルの内容」として「セルの値」に☑を入れると，図 4.10 のような「データラベル範囲の選択」というボックスが現れる

110　第4章　コンピュータを用いた分析

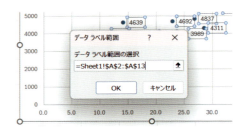

図 4.10　散布図の描画 (3) (ラベルの追加)

から，そこに月の名前が入っている A2〜A13 を指定し，Y 値の☑を外す．
2. 次に，近似直線 (回帰直線) と回帰式，決定係数を追加する．これも，散布図のどれか 1 つの点を選んで右クリックするといくつか表示が出るから，「近似直線」を選んで左クリックすると，図 4.11 のように回帰直線が描かれて，画面右側に「近似直線の書式設定」という欄が現れる．そこで，「グラフに数式を表示する」と「グラフに R-2 乗値を表示する」に☑を入れると，回帰式と決定係数 R^2 が表示される．あとは，グラフのタイトルや軸の説明を加え，文字を大きくし，といった調整をして，完成である (図 4.12).

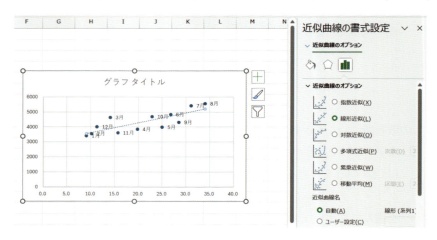

図 4.11　散布図の描画 (4) (回帰直線の追加)

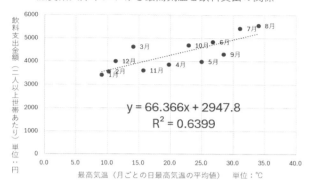

図 4.12 散布図の完成

このように Excel では散布図を描くのと同時に回帰分析を行うことができるが，回帰係数に関する統計的な検定といった高度な分析を行うには，先ほども紹介した「データ分析」のツールを使って分析する必要がある．

このためには，画面上部のメニューバーから「データ」＞「データ分析」＞「回帰分析」と選んでいくと図 4.13 のようなボックスが現れるから，ここで該当するデータの範囲を指定する．この例では，回帰式の左辺 (目的変数) y は飲料支出でありセル C2〜C13 に入っており，回帰式の右辺 (説明変数) x は気温でセル B2〜B13 に入っている．これで OK をクリックすると，回帰分析の結果が図 4.14 のように表示される．

先ほどの計算結果と比べると，数値の桁処理 (四捨五入) の関係があって見た目は少し異なるものの同じ回帰式が得られている．しかも，こちらの分析では，x の係数の t-値が 4.21，P-値が 0.0017 となることもわかる (t-値，P-値については 3.2 節参照)．

なお，ここであげた例では，回帰式の説明変数が 1 つであったが，休日日数とイベント開催 (ダミー変数) といった 2 つの変数を加えて回帰分析を行うこともできる．その場合は，Excel で気温の横の行にそれらの変数を入力しておいて，図 4.13 の回帰分析のボックスの「入力 x 範囲」というところでそれらの変数も含めて指定すればよい．

第4章 コンピュータを用いた分析

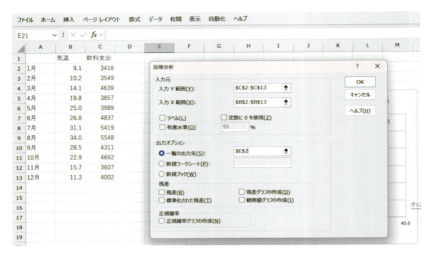

図 4.13　回帰分析

概要								
回帰統計								
重相関 R	0.79992							
重決定 R2	0.63987							
補正 R2	0.60386							
標準誤差	447.806							
観測数	12							
分散分析表								
	自由度	変動	分散	観測された分散比	有意 F			
回帰	1	3563026	3563026	17.76806373	0.00179			
残差	10	2005298	200530					
合計	11	5568324						
	係数	標準誤差	t	P-値	下限 95%	上限 95%	下限 95.0%	上限 95.0%
切片	2947.84	350.73	8.40487	7.62155E-06	2166.37	3729.32	2166.37	3729.32
X 値 1	66.3657	15.7443	4.21522	0.001785096	31.2852	101.446	31.2852	101.446

図 4.14　Excel による回帰分析の結果

最初にも述べたように，Excel を使いこなせば，データサイエンスで必要とされる手法の多くは計算可能である．読者はぜひ Excel を使いこなしてさまざまな分析をやってみてほしい．

4.2　統計解析ソフト R を使ったデータ分析

本節では，データを分析するために広く用いられているソフトウェア「R」の使い方について紹介する．

R は，データを統計的に分析したり可視化したりすることに特化したソフトウェアである．他の多くのプログラミング言語に比べて，ベクトルや行列の演算が簡単に行えることが大きな特徴の 1 つである．また，主に研究者が開発した，**パッケージ**とよばれる機能の一群を読み込むことで，より豊富な機能や，最先端の統計分析手法を利用できる．R の詳しい情報については，R のウェブサイト

https://www.r-project.org/

を参照されたい．なお，R は Linux，Mac，Windows の 3 種類の OS で扱うことができるが，本書では Windows 上での操作を想定している (2024 年 9 月時点)．

4.2.1　R のインストール

R は，R のウェブサイトから無償でインストールすることができる．まず，R のウェブサイト (図 4.15) から，左にある「CRAN」を選択してクリックする．すると，インストーラをダウンロードするためのミラーサイト一覧が表示される．ミラーサイトとは，アクセスの集中などによるサーバ側の負荷の軽減を目的に作られたウェブサイトである．複数のミラーサイトを作ることで，中身は同じだが，ダウンロードによるサーバの負荷を分散させることができる．ここでは日本のミラーサイトを選択する．

図 4.16 の画面が表示されたら，パソコンのオペレーティングシステムに合わせて「Download R for ...」のリンクを選択しクリックする．オペレーティングシステムとしては，Linux，Mac，Windows から選択できる．Windows を選択した場合は，続けて「base」，「Download R *.*.* for Windows」(*.*.* はバージョン番号を表す) の順にリンクをクリックすることで，インストーラをダ

図 4.15 R のウェブサイト

図 4.16 インストーラのダウンロードページ

ウンロードできる．ダウンロードされたインストーラを実行し，指示に従って手続きを進めることで，インストールが完了する．

4.2.2 R の起動と操作

R を起動すると，図 4.17 の画面が表示される．この画面上の**コンソールウインドウ**上でプログラムを書いたり，ソースコードが書かれたファイルを読み込むことで処理を実行できる．また，画面上部にあるメニューから，画面の設定

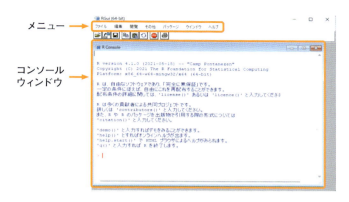

図 4.17　R の起動画面

をしたり，ソースコードが書かれたファイルを開いたりできる．

演算

コンソールウィンドウ上で，実際にプログラムを入力して実行してみよう．R は**インタプリタ型**のプログラムで，プログラムを入力した後に Enter キーを押すことで，処理が 1 行ずつ実行される．たとえば，1 + 3 と入力し Enter キーを押すことで，その計算結果が次のように出力される．なお，一番左の「>」は最初から表示されているもので，入力の必要はない．

```
> 1+3
[1] 4
```

また，平方根や対数など，さまざまな計算を行うための関数が用意されている．

```
> sqrt(2)    # 平方根
[1] 1.414214
> log10(2)   # 常用対数
[1] 0.30103
> log(2)     # 自然対数
[1] 0.6931472
```

なお，コンソール上で「#」と入力すると，それより右側は処理の対象に入らない．そのため # 以降に入力した内容はコメントとして利用できる．

116   第 4 章　コンピュータを用いた分析

数値や計算結果などを変数に代入することもできる．たとえば，変数 x と y にそれぞれ 1 と 3 を代入し，$x + y$ と入力することで代入された値の和を出力できる．その値をまた別の変数に代入することもできる．

```
> x <- 1   # x に 1 を代入
> y <- 3   # y に 3 を代入
> x + y
[1] 4
> z <- x + y   # z に x+y の計算結果を代入
> z
[1] 4
```

ベクトルと行列の演算

R では，1 つの値 (スカラー) だけではなく，ベクトルや行列を扱うこともできる．まず，c() を使用することで，任意の長さのベクトルを構築できる．たとえば，次の処理は，変数 x にベクトル $(1, 2, 3)$ を代入している．

```
> x <- c(1,2,3)   # 1,2,3 の 3 次元ベクトル
> x
[1] 1 2 3
```

要素が 1 ずつ増加または減少するような，等間隔な値からなるベクトルを作成したい場合は，":" 記号を使うこともできる．

```
> x <- 1:3   # 1,2,3 の 3 次元ベクトル
> x
[1] 1 2 3
```

ベクトルに対しては，要素の総和や平均値などを計算する関数が用意されている．

```
> sum(x)   # ベクトルの要素の総和
[1] 6
> mean(x)   # ベクトルの要素の平均値
[1] 2
```

4.2 統計解析ソフト R を使ったデータ分析　　*117*

R では，行列の演算を簡単に行うことができる．行列を作成する方法の 1 つとして，matrix 関数を使い行列の要素とサイズを指定することで，任意の要素の行列を構成できる．行と列のサイズはそれぞれ nrow, ncol で指定できる．ここでは例として，次の 2 つの行列 X, Y を作成してみよう．

$$X = \begin{pmatrix} 1 & 3 & 5 \\ 2 & 4 & 6 \end{pmatrix}, \quad Y = \begin{pmatrix} 3 & 5 & 7 \\ 4 & 6 & 8 \end{pmatrix}$$

```
> X <- matrix(1:6, nrow=2, ncol=3)   # 2×3行列を変数Xに代入
> Y <- matrix(3:8, nrow=2)   # 指定した要素の数から，列の数が自動
    的に計算される
> X
    [,1] [,2] [,3]
[1,]  1    3    5
[2,]  2    4    6
> Y
    [,1] [,2] [,3]
[1,]  3    5    7
[2,]  4    6    8
```

行列の任意の要素を取り出すこともできる．たとえば，行列が代入された変数 X の $(1,2)$ 要素を取り出すには「X[1,2]」のように入力すればよい．また，1 行目全体を取り出すには「X[1,]」，1 列目全体を取り出すには「X[,1]」とする．

```
> X[1,2]   # 行列Xの(1,2)要素
[1] 3
> X[1, ]   # 行列Xの1行目
[1] 1 3 5
> X[ ,1]   # 行列Xの1列目
[1] 1 2
```

関数 t によって，行列の転置を出力できる．

```
> t(X)
    [,1] [,2]
[1,]  1    2
```

```
[2,]  3    4
[3,]  5    6
```

行列の和については，スカラーと同様＋記号を使えばよい．サイズの異なる行列同士の和を計算しようとすると，エラーメッセージが出力される．

```
> X+Y
    [,1] [,2] [,3]
[1,]  4    8   12
[2,]  6   10   14
> t(X)+Y
t(X)+Y でエラー：  適切な配列ではありません
```

行列の積も，%*%という演算子を用いることで簡単に計算できる．

```
> Z <- X %*% t(Y)
> Z
    [,1] [,2]
[1,] 53   62
[2,] 68   80
```

さらに，solve 関数で逆行列を計算することもできる．

```
> solve(Z)
           [,1]        [,2]
[1,]   3.333333 -2.583333
[2,]  -2.833333  2.208333
```

この他にも，R には豊富な演算機能が備わっている．

R の終了

最後に R を終了したい場合は，R のウィンドウの×ボタンを押すか，コンソール上で「q()」と入力し実行する．終了するとき，「作業スペースを保存しますか？」というダイアログが出てくる．「はい」を選んだ場合，今回の作業によって値が代入された変数が，次回起動時も利用できる．

4.2.3 Rによるデータ分析

Rには，インストールされた時点でさまざまなデータが格納されており，簡単に呼び出して分析に用いることができる(表4.1)．ここでは，これらのデータを分析する方法について説明する．

表4.1 Rで利用できるデータセットの例

データセット名	概要
airquality	ニューヨークの大気環境測定データ
anscombe	アンスコムのデータ．平均値や分散，回帰係数などがすべて等しい4つのデータセットからなる
iris	アヤメの3品種に関するデータ
longley	米国の1947年から1962年までの経済指標データ
Nile	ナイル川の1871年から1970年までの年間流量
Titanic	タイタニック号の乗客の生存者数
UScitiesD	米国の10都市間の距離
women	米国人15名の平均身長と体重

Rから呼び出すことができるデータの1つである**iris**データは，アヤメの花150個体それぞれに対して，がく片の長さ(Sepal.Length)，幅(Sepal.Width)，花びらの長さ(Petal.Length)，幅(Petal.Width)，そして品種(Species)について調査したものである．アヤメの品種は，setosa，versicolor，virginicaの3種からなる．がく片や花びらの大きさとこれら3品種の間には関係性があることが知られており，統計分析手法の1つである判別分析などを用いることでその関係性を明らかにできるが，ここではその詳細は避ける．まず，Rのコンソール上で「**iris**」と入力し実行すると，irisの150個体分のデータがすべて表示される．この状態だと，データのヘッダ部分まで戻ってデータ項目を確認するのに手間がかかってしまう．そこで，head関数を使うことで，データのはじめの数行のみを表示させることができる．irisはデータフレームであり，変数名なども含んでいる．

120   第 4 章　コンピュータを用いた分析

```
> head(iris)
  Sepal.Length Sepal.Width Petal.Length Petal.Width Species
1          5.1         3.5          1.4         0.2  setosa
2          4.9         3.0          1.4         0.2  setosa
3          4.7         3.2          1.3         0.2  setosa
4          4.6         3.1          1.5         0.2  setosa
5          5.0         3.6          1.4         0.2  setosa
6          5.4         3.9          1.7         0.4  setosa
```

　続いて，こちらのデータの要素にアクセスしてみよう．データが代入された
データフレーム (ここでは iris) に対して,

```
> iris$Sepal.Length
```

のように「データフレーム名 $ 変数名」と入力するか，データを行列とみなし
て列番号を指定して

```
> iris[,1]
```

のように入力することで，そのデータの一部の要素を取り出すことができる．取
り出した変数を改めて別の変数に代入することで，その変数の計算に用いるこ
とができる．次のプログラムは，がく片の長さのデータを変数 x に代入してそ
の値をすべて表示させたものである．

```
> x <- iris$Sepal.Length
> x
  [1] 5.1 4.9 4.7 4.6 5.0 5.4 4.6 5.0 4.4 4.9 5.4 4.8 4.8
 [14] 4.3 5.8 5.7 5.4 5.1 5.7 5.1 5.4 5.1 4.6 5.1 4.8 5.0
 [27] 5.0 5.2 5.2 4.7 4.8 5.4 5.2 5.5 4.9 5.0 5.5 4.9 4.4
                   … (中略) …
[144] 6.8 6.7 6.7 6.3 6.5 6.2 5.9
```

　データを代入した変数に対して，代表値などのさまざまな値を計算できる．
たとえば，150 個のがく片の長さのデータ x の平均値や中央値，四分位点，分
散はそれぞれ次のように計算され，結果が表示される．ただし，var では標本分

4.2 統計解析ソフト R を使ったデータ分析 *121*

散ではなく不偏分散が計算されることに注意したい.

```
> mean(x)   # 平均値
[1] 5.843333
> median(x)   # 中央値
[1] 5.8
> quantile(x)   # 四分位点
  0% 25% 50% 75% 100%
 4.3 5.1 5.8 6.4 7.9
> var(x)   # 不偏分散
[1] 0.6856935
```

　データを並び替える際に，よく用いられる関数について紹介する．sort 関数を用いることで，データ x を昇順に並べ替えることができる．sort 関数の引数で decreasing=TRUE と指定すれば，データを降順に並び替えることができる．さらに，rank 関数は，データ x を昇順に並べたとき，元のデータがそれぞれ何番目に位置されるか，つまり値のランキングを出力する．ただし，データに同じ数値が含まれる場合は，その番号の平均値が出力される．order 関数は，データ x を昇順に並べるとき，元のデータの何番目の数値がこの位置にくるかの番号を出力する．データを昇順に並び替える処理が必要なとき，各観測値の元の番号を保持しておきたいときに便利である．以下に，sort, rank, order の 3 種類の関数による出力結果を掲載する．ここでは結果を見やすくするために，5 個の観測値のみを用いている．出力結果から，それぞれの関数の意味を確認してほしい.

```
> x[1:5]
[1] 5.1 4.9 4.7 4.6 5.0
> sort(x[1:5]) # 昇順に並び替え
[1] 4.6 4.7 4.9 5.0 5.1
> sort(x[1:5], decreasing = TRUE) # 降順に並び替え
[1] 5.1 5.0 4.9 4.7 4.6
> rank(x[1:5]) # データのランキング
[1] 5 3 2 1 4
> order(x[1:5]) # 昇順に並び替える前の番号
[1] 4 3 2 5 1
```

Rには，グラフを描画する機能もある．たとえば，がく片の長さのデータ x に対して「hist(x)」と入力することでヒストグラムが，「boxplot(x)」と入力することで箱ひげ図が描画できる．これらの関数を実行すると，それぞれ図 4.18，4.19 のように新しいウィンドウにグラフが描画される．R では，ヒストグラムの階級の幅や数，箱ひげ図の向きなど，グラフの設定を非常に柔軟に行うことができる．たとえば，ヒストグラムの描画において，

```
> hist(x, breaks=seq(4,8,0.2))
```

と入力することで，ヒストグラムの表示区間を [4,8] に，区間の幅を 0.2 に指定できる (図 4.20)．

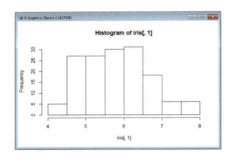
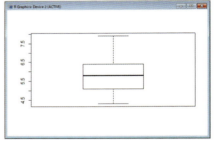

図 4.18　ヒストグラム　　　　　　　　図 4.19　箱ひげ図

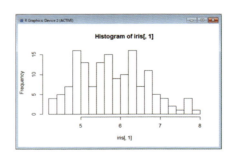

図 4.20　区間の幅を変更したヒストグラム

続いて，2 変量のデータを分析する方法について説明する．

ここでは，米国の 1947 年から 1962 年の間の経済指標をまとめたデータである **longley** データを用いる．変数 x に GNP (国民総生産) を，もう 1 つの変数

4.2 統計解析ソフト R を使ったデータ分析 *123*

y に雇用者数を代入する.

```
> x <- longley$GNP
> y <- longley$Employed
```

x, y の 2 変量のデータの関係性を調べる方法の 1 つとして，cor 関数で x と y の相関係数を計算する.

```
> cor(x,y)
[1] 0.9835516
```

GNP と雇用者数との相関係数の値は約 0.98 であるため，この 2 つのデータにはかなり強い相関があるといえる. 似た動きを示す 2 つの時系列データではこのようなことがよく起きる.

次に，2 つの変数 x と y の散布図を描画することで，これらの関係性を視覚的に確認してみよう. 散布図は plot 関数を使うことで作成でき，図 4.21 左のように表示される.

```
> plot(x,y)
```

なお，散布図などのグラフでは，目盛りの範囲やラベル，その文字サイズなども自由に設定できる. たとえば，

```
plot(x, y, xlab="GNP", ylab="Employed", xlim=c(200, 600),
    ylim=c(58, 72), cex.lab=1.5, cex.axis=1.5)
```

とすることで，x 軸のラベル (xlab) が "GNP"，y 軸のラベル (ylab) が "Employed" と表示され，x 座標の範囲が $200 \sim 600$，y 座標の範囲が $58 \sim 72$ になる. さらに，cex.lab, cex.axis の値を設定することで，軸の目盛りやラベルの大きさを変更できる (図 4.21 右).

続いて，この 2 変量データを使って回帰直線を求めてみよう. y を目的変数，x を説明変数として回帰分析を行うには，関数 lm を用いる. x から y を予測するための回帰直線を求めるには，

```
> lm(y~x)
```

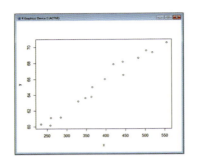 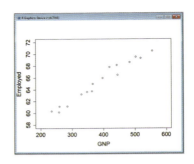

図 4.21 経済データに対する散布図．表示設定を全く行わなかった場合は左の図が表示され，軸のラベルなどを設定すると右の図が表示される．

と入力する．この処理を実行することで，次のような結果が出力される．

```
Call:
lm(formula = y~x)

Coefficients:
(Intercept)          x
   51.84359    0.03475
```

これは，回帰直線の切片が約 51.84，傾きが約 0.03 であることを意味している．また，散布図が描画された状態で

```
> abline(lm(y~x))
```

と入力することで，散布図上に回帰直線を描画できる (図 4.22)．

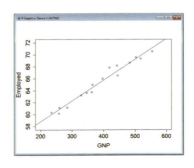

図 4.22 散布図と回帰直線

4.2.4　さまざまな機能

本項では，これまでに紹介したもの以外に，R で使うことができる機能を紹介する．

外部データの読み込み

R は，R に格納されているデータだけではなく外部のデータを読み込んで分析に用いることもできる．例として，ウェブサイトから取得されたデータファイルを読み込んでみよう．ここでは，4.1 節で扱った，長崎市の 10 月の最低気温のデータが記録された CSV 形式のファイルを使用する．ファイルの内容を図 4.23 に示す．

R のコンソール上で，次のように入力してみよう．

	A	B	C	D	E
1	長崎市の最低気温				
2		10月1日			
3	1990	19.9			
4	1991	19.8			
5	1992	16.6			
6	1993	13			
7	1994	17			
8	1995	20.2			
9	1996	18.6			
10	1997	16.2			
11	1998	21.9			
12	1999	21.4			
13	2000	20.6			

図 4.23　CSV ファイルの例

```
> dat <- read.csv(file.choose(), skip=1)
```

プログラム中の **read.csv** 関数は，指定したファイル名の CSV ファイルを読み込む関数である．また，file.choose 関数は「ファイルを開く」ダイアログボックスを表示させ，選択したファイル名を文字列として出力する．つまり，上の処理によって，選択されたファイル名の CSV ファイルの内容が変数 dat に格納される．なお，「skip=1」という処理は，選択した CSV ファイルのはじめの 1 行を読み飛ばし，2 行目から読み込むという命令である．図 4.23 のように，今回扱う長崎市の最低気温のデータファイルは，1 行目にデータの説明が入っているため，R に読み込む場合はこれらを取り除く必要がある．また，read.csv 関数では，読み込まれたはじめの 1 行目は変数名として扱われる．データそのものを変数名としてしまわないよう注意されたい．ファイル中の 1 行目の内容からデータとして扱いたい場合は，引数に「header=FALSE」と指定すればよい．

126　　第 4 章　コンピュータを用いた分析

関数のヘルプを見る

　R の関数の使い方を詳しく知りたいときは，コンソール上で「**?***関数名*」と入力することでその関数のヘルプを表示できる．ヘルプには，関数の呼び出し方や，引数の種類，関数を実行することで何の結果が出力されるかといった情報が詳しく書かれている．例として，ヒストグラムを描画する関数 hist のヘルプを見てみよう．コンソール上で

```
> ?hist
```

と入力し実行すると，ブラウザが起動し，hist 関数の詳細が表示される．一般的に，関数のヘルプで表示される項目は次のとおりである．

- Description：関数の概要
- Usage：関数の呼び出し方や引数の種類
- Arguments：関数の引数の説明
- Details：関数の詳細な説明
- Values：出力項目の一覧
- References：参考文献
- See Also：関連する他の関数とそのリンク
- Examples：この関数を使ったサンプルプログラム

たとえば，Examples のサンプルプログラムを見たり実際に実行したりすることで，各関数がどのように使われるのかについて，理解を深めることができるだろう．

エディタの利用

　ここまで，R でプログラムを実行する場合は，コンソール上に直接プログラムを入力する方法で説明してきた．しかし，より複雑で長いプログラムを作成する場合は，この方法では効率が悪い．R にはプログラムを入力するためのエディタが用意されており，コンソールに直接命令を入力するよりもエディタを利用するほうが便利な場合が多い．

　R のエディタを開くには，R のメニューバーから「ファイル」，「新しいスクリプト」の順に選択する．これにより，図 4.24 のように，R のウィンドウ内に新

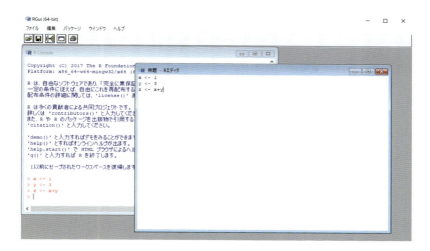

図 4.24　R のエディタ

しいウィンドウが開く．ここに命令を記述していく．エディタでは，入力やコピー＆ペーストなどについて，他のテキストエディタと同様の操作やショートカットキーが利用できる．たとえば，実行したいプログラムを選択した状態で Ctrl キーを押しながら R キーを押すことで，選択した範囲のプログラムを直接実行できる．さらに，エディタのメニューバーから「ファイル」，「保存」の順に選択する (あるいは Ctrl キーを押しながら S キーを押す) ことで，作成したプログラムをテキスト形式で保存できる．ファイルの拡張子[2]は ".r" である．

4.3　プログラミング言語 Python を使ったデータ分析

本節では Python 言語でプログラムを記述して行うデータ分析について紹介する．Python 言語は非営利団体の Python ソフトウェア財団が開発しているプログラミング言語で，極力簡単にプログラミングができるように設計されている．Python 言語で書かれたプログラムは，同財団が無償で公開している Python インタプリタというソフトウェアが読み込んで実行する．まず最初に，Python インタプリタの準備から説明する．

---

[2] ファイル名の末尾に付く文字列で，ファイルの種類を示す．

4.3.1 Anaconda のインストールと Jupyter Notebook の起動

本書では Python の実行環境として，Anaconda, Inc. が公開している Anaconda を推奨する．本書執筆時点での最新バージョンは Python のバージョン 3.12 に基づくものであり，以下の内容は，その時点でのホームページの内容，ソフトウェアを前提に説明する．それ以外のバージョンで本節のプログラムを試してみる場合，仕様変更などでそのままでは動作しない可能性がある．その場合は最新情報を調べてプログラムを修正してほしい．利用方法によっては料金が掛かる場合もあるが，本書執筆時点では学習や社内業務での利用などの条件を満たす範囲では無料となる．利用条件は変更されることもあるため，詳しくはホームページのライセンス条件を参照されたい．

公式ホームページ

https://anaconda.com

の「Free Download」をたどると，Email Address の登録が求められる．入力して「Submit」で登録するか「Skip registration」を選択すると，ダウンロード画面に遷移する．インストールするパソコンの OS や利用するインストーラーを選ぶとダウンロードが始まるので，ダウンロードできたらインストーラを実行してインストールしよう．

インストール時の注意点として，Anaconda はフォルダ名の一部に空白文字を含むフォルダへのインストールが推奨されていない．Windows の場合，インストーラはパソコンのユーザ名を含むフォルダに Anaconda をインストールしようとするため，ユーザ名に空白を含んでいる場合は，一部のソフトウェアが正常に動作しない可能性があるという警告が表示される．その場合は，"C:¥Anaconda" など，名前に空白を含まない別のフォルダを指定してインストールするとよい．

インストールが終わると，パソコンにインストールされているアプリケーション一覧に "Jupyter Notebook" が作成されている．これを起動すると，いつも使っているブラウザが開き，Jupyter のページが表示される．ページから「New」のボタンを探してクリックすると作成可能な対象のリストが表示されるので，その中から「Notebook」を選ぶ．すると，新しい Notebook が作成され

てブラウザ内に表示され、「Select Kernel」というダイアログが表示される。これは、パソコンに複数の Python 環境がインストールされている場合に、そのいずれを使うかを選択するダイアログであり、とりあえずデフォルトで選ばれたもののまま「Select」ボタンを押して閉じれば良い。Python のプログラムなどは、Python などの環境のバージョンアップにより動作に不具合を起こすようになったり、全く動かなくなったりする場合がある。そういったトラブルを避けるため、必要なプログラムが動く環境を必要なだけ残しておくことがしばしば行われている。「Always start the preferred kernel」の所にチェックを入れておくと、次回からこのダイアログは表示されなくなる。

ダイアログを閉じると図 4.25 のような空欄のセルが現れる。[ ]: の右側の枠内にプログラムを書いて、キーボードの Shift キーを押しながら Enter を押すかページ内の「▶」ボタンをクリックすると、書き込んだプログラムが実行される。

図 4.25　Jupyter Notebook の初期画面

たとえば、図 4.26 のように $57 \times 57 - 35 \times 35$ を計算するプログラムを入力して実行すると、計算結果の 2024 が表示される。ここで、Python など多くのプログラミング言語では、掛け算記号はキーボードから直接入力できる記号に含まれていないため、「*」で代用する事になっている。

[1]: `57 * 57 - 35 * 35`

[1]:　2024

図 4.26　Jupyter Notebook での簡単な数式の計算例

[1]: の括弧内の数字は、セルを実行した順に 1 から番号が振られる。セル内のプログラムは何度でも書き換えたり実行したりできるので、値や式を色々と変えて試してみよう。

Notebook に書き込んだ内容などは、パソコンの SSD などに自動的に保

130　　第 4 章　コンピュータを用いた分析

存される．新しく作られた Notebook には，既存のものと被らない番号で
"Untitled<番号>" という名前が自動的に付けられる．Notebook の名前は，表
示されている名前をクリックすることで自由に変更できる．保存された Notebook
は，メニューの「File」>「Open...」を選んだときか，Jupyter Notebook 起動
時に表示されるページに，拡張子が ".ipynb" のファイルとして列挙される．列
挙されたファイル名をクリックして開けば保存された作業の続きが行える．な
お，セルの左側が [*]: という表示になったまま操作しても反応しなくなった
り，Notebook のページが動かなくなったりして，プログラムの実行をまっさ
らな状態からやり直したい場合は，メニューの「Kernel」>「Restart Kernel」
などを実行するとよい．

4.3.2　Python 言語でのプログラミングの基本

汎用的なプログラミング言語を用いて何かの作業を行うことは，知っておく
べきルールが多いなど，最初のハードルが比較的高いが，その分，できることの
幅が大きく広がる．この項では，その取っかかりとして，あらゆるプログラムの
基本となる，変数への値の代入，条件分岐，反復処理について簡単に紹介する．

まず，図 4.27 に簡単な Python 言語のプログラムと実行例を示す．これは，2
次方程式 $ax^2 + bx + c = 0$ の実数解を求めるプログラムである．プログラムは
コンピュータに処理させたい内容を一連の指示として記述したものであり，コ
ンピュータにインストールされたインタプリタは，与えられたプログラムを上
から順に解釈して指示どおりに処理を進めていく．

この例では，まず，後で平方根を求めるために使う **math モジュール**を読み
込むよう 1 行目で指示している．モジュールというのは，プログラムから使え
る何らかの追加の機能をまとめたもので，このように使う前に import しておく
必要がある．2～4 行目では，変数 a, b, c に係数の値を代入している．ここで，
「=」の記号が，数学で用いられる等号とは異なり，"右辺の式を計算して得られ
た値を左辺の変数に代入せよ" とインタプリタに対して指示をするための**代入
文**であることに注意が必要である．

6 行目の「if」は，判別式の値で処理を変えるための条件分岐である．このよ
うに書くと，その直後に続くインデント (字下げ) された部分は，条件が満たさ

4.3 プログラミング言語 Python を使ったデータ分析　　*131*

```python
[1]:   import math
       a = 1
       b = 4
       c = 2
       D = b * b - 4 * a * c
       if D >= 0:
           print('x=', (-b + math.sqrt(D)) / (2 * a),
                 ',',  (-b - math.sqrt(D)) / (2 * a))
       else:
           print(' 解なし')
```

x= -0.5857864376269049 , -3.414213562373095

図 4.27　2 次方程式 $ax^2 + bx + c = 0$ の実数解を求めるプログラム

れた場合にのみ実行される．ここでは，重解については考慮せず，判別式 D の
値が非負の場合に $\dfrac{-b \pm \sqrt{D}}{2a}$ の値それぞれを計算して表示している．D の平方
根は math モジュールの sqrt 関数で計算するよう指示している．また，除算は
「/」記号で書き，「( )」で囲って計算順序を指定している．これらは多くのプ
ログラミング言語で数式を書く方法に共通する特徴なので慣れてほしい．得ら
れた値は，**print 関数**で表示させている．Python 言語では，何らかの値を計算
する数学的な意味での関数でなくとも，何らかのまとまった手順に名前を付けて
実行できるようにしたものも，関数とよばれている．print は事前の準備なしに
使える**組み込み関数**の 1 つで，文章などの文字列やさまざまな値を表示する際に
使う．9 行目の「else」以下のインデントされた部分は，直前の条件分岐の条件
が満たされなかった場合にのみ実行され，ここでは，「解なし」と表示している．
　次に，多くのデータを扱うための**リスト**を図 4.28 のプログラムで紹介する．
1 行目で，3 つの数値を含むリストを定義して変数 values に代入している．リ
ストとは，Python で複数の値を扱う際の最も基本的なデータ構造で，このよう
に任意の個数の数値などをカンマで区切って，[ ] で囲むと作成できる．リス
トを代入した変数に対して，values[0], values[1], values[2] のように，整
数値を [ ] で囲んだオフセットを付与すると，リストに格納したそれぞれの値

132   第 4 章　コンピュータを用いた分析

```
[1]:  values = [50, 80, 60]
      print(values[0])
      print(values[1])
      print(values[2])
```

50
80
60

図 4.28　リストの作成と値の参照

(この場合は，50, 80, 60) を参照できる．オフセットは，数列の添え字のイメージに近いが，リストの最初の値は 0 のオフセットで指すことに注意する．

　図 4.29 に，リストに格納したデータを処理する基本的な例を紹介する．このプログラムでは図 4.28 と同じデータを values に用意したあと，その平均値を求めている．なお，各「#」からその行の末尾までは**コメント**である．コメントは，プログラムが何をやっているのかを，後でそのプログラムを読んだり保守したりする人が理解しやすくなるよう書き残すメモなどに使われる．インタプリタはコメントを読み飛ばして無視するので，ごく一部の例外を除いてコメントの部分に何が書かれていてもプログラムの実行には影響がない．これらのプログラムをパソコンに入力して試してみる際には，「#」ではじまっている行は入力しなくても問題ない．それ以外の行は，一字一句間違えないように入力する必要があるので注意しよう．

　表 4.2 に，このプログラムを実行した場合に，変数と値の対応付けがどのように変化していくのかのイメージを示す．インタプリタは代入文を実行するごとに，その変数に値を代入していく．まず，プログラムの実行前には何も記録されていない．1 行目を実行して values にリストが代入されたところで，values とその値が表に加えられる．4 行目と 5 行目では，さらに 2 つの変数 count と total にそれぞれ 0 を代入している．7 行目は反復処理のための for 文で，このように書くと，変数 v に values の値が順に 1 つずつ代入された状態で，続く字下げされた部分，すなわち，8 行目から 11 行目が繰り返し実行される．そして，表 4.2 のとおり，8 行目から 11 行目は，$v = 50, v = 80, v = 60$ と v の値を変え

4.3 プログラミング言語 Python を使ったデータ分析　　*133*

```
[1]:    # 値のリストを用意する
        values = [50, 80, 60]

        # 合計と個数を求めるための変数を初期化
        count = 0
        total = 0

        # values に含まれる値を 1 つずつ v に代入して直後の 2 行を実行
        for v in values:
            # この部分は 3 回実行される
            # 実行するごとに total が v, count が 1 増える
            count = count + 1
            total = total + v

        # values に含まれた値の個数が 0 個なら平均値は求められない
        if count > 0:
            print(total / count)
        else:
            print('データがありません')
```

63.333333333333336

図 4.29　平均値を求めるプログラム

つつ 3 回実行される．10 行目と 11 行目に数学的におかしな式が書かれている
が，前述したとおり，Python などのプログラミング言語では「=」は数学のイ
コールではなく，代入文であることに注意しよう．

　反復処理の 1 周目，10 行目が 1 回目に実行される直前には，total には 5 行
目で代入された 0 が，v には values の 1 つ目の要素である 50 が代入されてい
る．右辺の値はそれらを足して $0 + 50 = 50$ として求められるので，total には
50 が代入される．同じように反復処理の 2 周目では total の 50 と，v の 80 を
足した 130 が total に代入される．3 周目まで終えると，values に含まれていた
すべての値の合計が変数 total で求まる．同様に，count は反復処理の 1 回ごと
に 1 ずつ増えて，values に含まれていたデータの個数を求められる．なお，こ

134　第 4 章　コンピュータを用いた分析

表 4.2　プログラムの実行が進むごとに変化する変数と値の対応

変数に最初に値が代入されるごとに表の列が増えていく →

どの時点か＼変数名	values	count	total	v
プログラム実行前				
2 行目実行後	[50, 80, 60]			
4 行目実行後	[50, 80, 60]	0		
5 行目実行後	[50, 80, 60]	0	0	
反復処理 1 周目の開始直後	[50, 80, 60]	0	0	50
反復処理 2 周目の開始直後	[50, 80, 60]	1	50	80
反復処理 3 周目の開始直後	[50, 80, 60]	2	130	60
反復処理終了後	[50, 80, 60]	3	190	60

（プログラムの実行が進むごとに格納された値が変わっていく →）

のような「total = total + v」というような値を足し込んでいく処理は頻出するため，Python では「+=」記号を使って「total += v」と省略して書くこともできるルールになっていて，こちらの書き方のほうが一般的である．

　なお，Python の組み込み関数には，リストに格納されたデータの個数や合計を求める len 関数や sum 関数も用意されているため，平均値は図 4.29 のように書かなくても，図 4.30 のようにするだけでも求められる．さらに，Python には statistics という統計計算を行うためのモジュールも備わっており，math モジュールと同様にこのモジュールを import すれば，中央値や標準偏差を求める関数も利用できる．実用的には，定番の手法を用いてデータ分析を行うのであれば，そういったモジュールを用いればよい．一方で，まだ誰も試したことがないような新しいアイデアに基づく分析を行いたい場合には，ここで紹介した条件分岐や反復処理などを上手く組み合わせてアイデアどおりに計算を行うプログラムを書く必要がある．世の中で使われているあらゆるデータ分析ツールやアプリケーションは，誰かがそのようにして作ったものである．

4.3.3　より便利なモジュール，ライブラリの使用

　プログラムを作成する際に，毎回そのすべてをゼロから作り直していたのでは効率が悪いため，頻繁に用いる機能は，一度きちんと作った後，なるべく使い回した

```
[1]:    # 値のリストを作る
        values = [50, 80, 60]

        # 平均値を計算して表示（なお，values が空の場合はエラーになる）
        print(sum(values) / len(values))

        # statistics モジュールを用いて，中央値，標準偏差を求める
        import statistics
        print(statistics.median(values))
        print(statistics.stdev(values))
```

```
63.333333333333336
60
15.275252316519467
```

図 4.30 組み込み関数を用いて平均値を求めるプログラム

ほうがよい．そのような機能を再利用しやすい形で用意したものが，先ほどから紹介している**モジュール**である．ここまでに紹介した math モジュールもその一例であり，平方根の計算以外にも対数や三角関数などさまざまな計算機能を含んでいる．モジュールを集めたものを**ライブラリ**とよび，math モジュールや statistics モジュールのように一般的なものは，Python インタプリタをインストールしたときに必ず一緒にインストールされる **Python 標準ライブラリ**に含まれる．

　また，関数やモジュール，ライブラリは誰でも自由に作成したり配布したりできる．作成者だけが使う目的で組織内や個人でライブラリを整備する場合も多いが，作成した有用なライブラリを有償や無償で第三者が使えるようにする例も多々ある．Python が数多くある汎用のプログラミング言語の中でも，データ分析の分野で特によく使われている理由の1つは，さまざまな団体が作成し公開している，無償で使える豊富なライブラリ群にある．

　データ分析によく使われるライブラリを表 4.3 に示す．いずれも無償で公開されており，入手してインストールすればそれらの機能を利用できるようになる．NumPy 以外の3つのライブラリは，すべて NumPy を利用して動作するよう実装されており，NumPy がなければ動作しない．このように，あるライブ

136　　第 4 章　コンピュータを用いた分析

表 4.3　データ分析に有用なライブラリ

ライブラリ名	説明
pandas	`https://pandas.pydata.org` Python でデータ解析を行うときに便利な機能がまとめられたライブラリ.
matplotlib	`https://matplotlib.org` Python でグラフなどを描くためのライブラリ. とても多機能.
scikit-learn	`https://scikit-learn.org` Python 用の機械学習ライブラリ. 回帰分析やデータの分類, クラスタリングなどを行うさまざまな機能をもつ.
NumPy	`https://numpy.org` Python で行列の計算などを簡潔に記述し, 高速に実行するためのライブラリ.

ラリが別のライブラリの機能に依存して実装されている場合が多くある. そういったライブラリを使いたい場合には, 依存先のライブラリも必要となり, そのライブラリも別のライブラリに依存していれば … と, 芋づる式に, 必要なライブラリが増えていく. そのため, ライブラリを使うことは非常に便利な反面, 準備に大きな手間がかかってしまうことも多い.

　本節の最初でインストール方法を紹介した Anaconda は, そのような手間を避けるため, Python インタプリタに加えて上記の 4 つを含むさまざまなデータサイエンス向けのライブラリなどが同梱されたパッケージで, 最小限の準備の手間で安心してデータ分析をはじめられる.

　駆け足な紹介になったが, 以上のように Python などのプログラミング言語を用いてデータ分析を行えば, 定番の手法を簡単に実践できる他, オリジナルの手法を試すことも可能になり, できることの幅が大きく広がる. また処理の自動化の恩恵も非常に大きく, より多くのデータをより少ない手間で扱える. 近年では, 生成 AI でデータ分析や機械学習のためのデータも作れる. 対話型の生成 AI が Python のコードも生成できるため, プログラミングを学ぶ敷居もさらに低くなっている. 効率化のため是非ともプログラミングを習得されたい.

第 5 章

データサイエンスの応用事例

　この章では，データサイエンスが実際のビジネスや学術研究でどのように応用されているか，実例を交えながら紹介する．データサイエンスで使われる代表的な手法についてはすでに第3章で紹介したが，それらが実際どのように使われているかについても触れていく．これらの応用事例を通じて，現代社会におけるデータサイエンスの広がりと重要性を感じとってほしい．

5.1　マーケティング

5.1.1　マーケティングとは

　マーケティングという言葉は，今日，幅広い意味で用いられているが，ここでは簡単に「企業などが，自社の商品やサービスを販売するための方法」と考えよう．すると，自社の商品サービスを販売するためには，消費者がどのようなものを求めているか，データに基づいて把握・分析する必要がある．消費者のニーズを把握するだけでなく，「この商品はどれくらい売れるか」という販売予測を立てるのもマーケティングの一部である．提供する商品が決まったら，それをどのように売るかも考えなくてはならない．どのお店にいつ，いくつ出荷するかや，どのような宣伝を打つかも重要な要素である．売れた後も，顧客がそれで満足したのか，リピーターになってくれるのか，商品や販売方法に改善すべきところはなかったかなど，さまざまな分析課題がある．このように，マーケティングはデータ分析の塊なのである．

138　　第 5 章　データサイエンスの応用事例

　また，利用可能なデータの面でも，マーケティングはデータサイエンスが大活躍する場である．企業は顧客の情報を以前から貴重な財産として管理してきたし，最近ではスーパーマーケットの POS データやクレジットカードの利用履歴，ウェブマーケティングでの利用情報など，まさにビッグなデータが毎日，毎時蓄えられている．それらのデータを使いこなすことができる企業がビジネスで成功してさらに多くの顧客を獲得し，それによってさらに多くの顧客データを手に入れてさらに進んだマーケティングを行い…，という形で，winner takes all という状況も生み出されている　アマゾンがこれだけ成長したのも，データをマーケティングに活用するとともに，それによってデータ収集の点でも巨大な地位を築いたことが大きい．

5.1.2　消費者のニーズの把握

　マーケティングの第一歩は，消費者がどのようなものを求めているかを把握することである．このためには，アンケート調査などの**市場調査**(マーケティングリサーチ) によって消費者ニーズを直接調べることもできるし，既存のデータやこれまでに集めた顧客からの要望事項を利用することもできる．

　アンケート分析で最も基本的なのは，3.1 節で紹介したクロス集計である．商品 A と商品 B とを比較して，単に「商品 A のほうが売れそうだ」ということではなく，「どのような客層に売れそうなのか」を分析するためには，集計表の項目を他の項目でさらに分割して，客層ごとの商品の支持割合を見る必要がある．

5.1.3　需要予測

　ある商品を売り出すことが決まっても，それが具体的に何個売れるかを適切に予測し，生産計画やスタッフの配置を考えなくてはならない．何個売れるかを予測することは，相手 (消費者) があることなので難しいが，作りすぎると，売れ残った分は在庫となり，それが積みあがると経営を圧迫するし，一方で，在庫が発生するのを避けるために作る数を少なくしすぎると，商品が品切れになって販売の機会をみすみす逃してしまう．その客が他の店に行ってしまうと，大事な顧客を失うことにもなりかねない．需要の予測を正確に立てることが重要である．もちろん，100 % 正確に予測することは実際上は不可能でり，在庫を

表 5.1 クロス集計表

| 顧客属性 | | 合　計 | 商品 A を支持 | 商品 B を支持 |
性別	年齢層			
計	計	2000	1400	600
男性	計	1000	600	400
	～19 歳	200	140	60
	20～29 歳	…	…	…
	30～39 歳	…	…	…
	…	…	…	…
女性	計	…	…	…
	～19 歳	…	…	…
	…	…	…	…

抱えるリスクをとるのか品切れのリスクをとるのかは最終的には経営判断の範疇であるが，データサイエンティストとしてはその判断の助けとなるような需要予測を提供する必要がある．

　需要予測を行うための基本的な手段は，3.2 節で紹介した回帰分析である．そこでも紹介したように，たとえばアイスクリームの需要を予測するのに，要因 (説明変数) として「気温」を考えた場合，

$$(\text{アイスクリームの売上}) = a + b \times (\text{気温}) \tag{5.1}$$

という回帰式を立て，過去のデータを用いて回帰分析を行い，係数 a, b を推定する．決定係数 R^2 が小さければ，重要な変数が含まれていない可能性があるので，そのような変数がないか (たとえば，休日のほうが売上が大きく伸びる，など) を検討する．散布図や残差項のプロット図を見て，外れ値がないかを確認し，外れ値があればそれを除外するのか含めたままで分析するのかを決定する．また，t-値が 0 に近い (P-値が大きい) 変数については，その係数のプラスマイナスが不安定なことを意味しているので，回帰式から除外するかどうかを検討する．

　また，変数の数を増やせば増やすほど決定係数 R^2 は上がるので，そのような影響を調整した「自由度調整済み決定係数」や「赤池情報量規準 (AIC)」とよばれるものも見ながら，どの変数を含めるかを検討する (6.7.3 項参照)．このよ

うな手順を踏んで，回帰式が「よい」式であるかを吟味する．

そのようにして得られた回帰式を使って，たとえば来週日曜日のアイスクリームの販売予測を立てるには，(気温) のところに日曜日の予想気温を代入して計算すればよい．販売予測には誤差があるので，すでに述べたように「できるだけ品切れを避ける」というような経営判断がある場合には予測値よりも多めに在庫を用意するといった判断も必要になる．

回帰分析は，データを与えればとりあえず何らかの答えは出てくるので，非常に強力な手法である．その反面，回帰式の意味をきちんと考えずに式を立てて予測を行っていると，思わぬ落とし穴に落ちる危険性もある．よい回帰式を作るためには，上でも注意したように，どの変数を入れるか，その分野における既存の知恵も活用しながら慎重に考える必要がある．

5.1.4　顧客のセグメンテーション

現代では顧客の嗜好にもさまざまなものがあり，画一的な商品を提供していれば皆が買ってくれるというものでもなくなった．さまざまなタイプの顧客がいることを認識し，それぞれの特性に応じた商品・サービスの提供が求められているのである．また，市場には競争企業が多数存在することを考えると，競争相手と比較した場合に自社が強みをもっている顧客層はどこか，きちんと認識しておく必要がある．

その場合，顧客をその属性に応じていくつかのグループ (セグメント) に分けること (セグメンテーション) が必要となるが，そのときに使われるのが，3.5 節で紹介したクラスタリングである．

クラスタリングは，顧客のさまざまな属性を使って近い者同士をグループ化する手法であった．用いる属性としてはさまざまなものが考えられ，

- 住んでいる地域などの「地理的変数」
- 性別や年齢，所得などの「人口統計的 (デモグラフィック) 変数」
- その人の嗜好やライフスタイルなどの「心理的 (サイコグラフィック) 変数」

5.1 マーケティング **141**

- どの商品を購入したか，どのウェブサイトを見たかなどの「行動・態度変数」

といったものが使われる．

　顧客のセグメンテーションを行ったうえで，どのセグメントを目標 (ターゲット) にするか，そのセグメントに効果的に訴求する手段は何か，といったことを考えるのである．

　「どの商品を購入したか」，「どのウェブサイトを見たか」といった情報は，スーパーマーケットの POS データやネットショッピングでのデータから入手できる．それだけでは性別や年齢といった情報が含まれていないが，コンビニエンスストアではレジでの支払いの際に，店員が客の性別や年齢階層を入力していることはよく知られている．また，最近ではスーパーマーケットがポイントカードを発行して「100 円のお買い物ごとに 1 ポイント進呈」といったことを行っている．ポイントカード発行時にその人の性別や年齢，住んでいる地域や職業などの情報を取得していれば，それを利用することによりそのような顧客属性もわかり，さらにはその人が 1 カ月間に何度来店しているか，昨日は何を買ったかという情報とも結びつけることができる[1]．

　ポイントカードを利用していない人の場合は，そのような地理的変数や人口統計的変数は得られないが，逆に，「何時にどこのお店に来店したか」，「どのような商品を購入したか」といった観察可能な変数から，回帰分析などの手法を使って地理的変数や人口統計的変数を予測することも行われている．その人の好みといった心理的変数は，一般的にはアンケート調査などでないと入手しにくいが，これも同様に，アンケート調査から「かくかくしかじかの地理的，人口統計的および行動・態度変数を有する人は，このような心理的変数をとる傾向が強い」といった傾向を分析して，それをもとに，アンケートデータが得られない人の心理的変数を予測することも行われている．

---

[1] ただしその場合，利用する情報に名前や詳細な住所が含まれていれば個人を特定できてしまうし，そういった情報を削除した場合でも特に高額な買い物をしたなどの特殊なケースでは個人が特定されてしまうおそれもあるので，個人情報保護の観点から利用に問題がないか，きちんとチェックする必要がある．

5.1.5　A/Bテスト

　ニーズの把握やターゲットとなるセグメントの絞り込みも終わった後で，実際に売り込みをかけるときに重要となるのが広告戦略である．どのようなキャッチコピーをつけ，どの商品の写真を掲載するか，背景や文字の色はどうするかなど，決めなければならないことは多い．どのような広告が効果をもたらすかについては学問的な研究もあるが，最終的には「消費者がそれを見てどう思うか」なので，いっそのこと消費者に2種類の広告を見せてどちらのほうが反応がよいか（買ってくれる確率が高いか）決めてもらおう，というのが**A/Bテスト**である．AとBの2種類の広告を見せてそれを比較するので，このような名前がついている．

　ただ，実際の店舗でA/Bテストを実行するのはなかなか難しい．たとえば，2種類のチラシの効果を比較するために，渋谷駅でチラシAを，新宿駅でチラシBを配って，来店する客がどちらのチラシを見てきたのかを調べたとしよう．この場合，チラシAのほうが来店数が多かったとしても，それで「チラシAのほうが効果が高い」と断定することはできない．渋谷駅と新宿駅とでは利用者層がそもそも異なり，渋谷駅のほうが学生や若者の利用者が多いかもしれない．そのような状況で調査を行ったとしても，その結果は，チラシの良し悪しではなく，2つの駅の利用者層の違いを反映しただけかもしれない．読者は中学・高校でもある程度「標本調査」や「無作為抽出」について学んだと思うが，調査対象を選ぶときに何も作為的なことをしなければそれで自動的に「無作為抽出」になるわけではない．2.4.3項で説明したように標本に偏りが出ないようにさまざまな注意をしなくてはならず，実際に無作為抽出を実現するのはなかなか大変である．

　ところが，ウェブマーケティングの世界では，無作為抽出やさらには2.4.2項で説明した実験研究に近いことを，割と簡単に再現できる．ウェブを訪れた人をランダムに振り分けて，片方の人には広告Aを，もう片方の人には広告Bを見せて，どちらが成約率が高かったかを調べればよい．振り分けが完全にランダムに行われれば実験研究であるといえるし，どの顧客にどちらの広告を見せたかを管理しておけば集計も容易である．

　実際，グーグルでは毎日数多くのA/Bテストをウェブ上で実施しているとい

われている．また，米国のオバマ元大統領が大統領選挙の際のキャンペーンサイトでA/Bテストを活用し，集める政治献金額を大幅に増加させたことも知られている．我々自身も意識しないうちにA/Bテストに参加していて，あなたが見ているウェブサイトのデザインも，隣の人が見ているデザインとは違ったものであるかもしれないのである．

5.1.6 商品の推薦システム

インターネットの通信販売を利用しようとすると，必ずといっていいほど，「あなたにお薦めの商品はこれです」といった広告が表示される．専門書を選んでいるときなど「こんな本もあるのか」という発見もあったりして，使いようによっては便利なシステムである．アマゾンのネットショッピングやNetflixの映画配信における「おすすめ」がその例である．

このような仕組みを，**推薦**(レコメンデーション)**システム**というが，これもデータサイエンスの手法を用いて，「あなたと似たような購買履歴をもつ人は，他にどのような商品を買っているのか」ということを計算しているのである．

そのためにまず，「どの商品を買ったか」ということを数学的に表す方法を考えなくてはならない．これは，商品を買ったことを1，買わなかったことを0で表すことにすればよい．商品は1種類だけでなくたくさんあるから，それは数字を並べて表すことにして，「商品Aを買った，Bを買わなかった，Cを買った」というのを3.2節のダミー変数を用いて(1, 0, 1)という数字を3つ並べたもの(3次元のベクトル)で表すことができる．商品が100種類あれば100次元のベクトル，200種類あれば200次元のベクトルで表すということになる．

表5.2 推薦(レコメンデーション)システム

	商品1	商品2	商品3	商品4	⋯
Aさん	1	0	1	1	
Bさん	1	1	0	0	
Cさん	1	1	1	1	
⋮					

144 第5章 データサイエンスの応用事例

次に，これを用いて，「AさんとBさんの購買パターンは似ているか」を考えよう．2つのベクトルが似ているかどうかについては，いくつかの計算方法があるが，2.2節で紹介した相関係数を用いることが多い．相関係数は -1 から 1 の間の値をとり 1 に近いほど2つのベクトルが似ていることを示すので，相関係数が 1 に近い人を探してくれば「購買行動が似ている」と考えることができる．

「商品を買う／買わない」だけであれば 1 と 0 の2段階の評価しかないが，その商品をどれだけ強く支持しているかをもっと細かく数値化することもできる．たとえば，映画を見た後で「この映画はどれくらい面白かったですか」という感想を 1 から 5 までの5段階で評価し，それを先ほどと同様に相関係数を計算して「あなたと映画の好みが似ている人」を選び出すことができる．

5.1.7　アソシエーション分析

アソシエーション分析については，3.4節でかなり詳しく紹介した．多数の商品がある中で，どのような商品の組み合わせを行えばよく売れるようになるか(たとえば「おむつを買う人は同時にビールを買う確率が高い」)を，

$$リフト値 (おむつ \to ビール) = \frac{P(ビール \cap おむつ)}{P(おむつ) \times P(ビール)} \tag{5.2}$$

$$支持度 (おむつ \to ビール) = P(おむつ \cap ビール) \tag{5.3}$$

$$信頼度 (おむつ \to ビール) = \frac{P(ビール \cap おむつ)}{P(おむつ)} \tag{5.4}$$

という3つの指標を用いて「支持度および信頼度が一定値(たとえば 0.1)を超えるものの中で，リフト値が 1 を超えるもの」を探すのであった．

特にマーケティングの分野では，アソシエーション分析というのは「買い物かご(バスケット)に何が一緒に入っているか」を分析することなので「マーケットバスケット分析」とよばれることもある．すでに述べたように，アソシエーション分析で必要となる計算は，「商品Aと商品Bとを一緒に買った人の人数」を数え上げてそれらを割り算，掛け算するだけなので，計算機で大量に計算することができる．そのため，ビジネスでも数多く使われている．

実際，

- スーパーマーケットで牛肉の隣にどの惣菜の素を陳列するか

- 缶ビールの CM でどのツマミを使うか

など，私たちの身近なところにアソシエーション分析の成果が使われている．

5.2 金融

　金融業というと，スーツに身をくるんだビジネスパーソンがさっそうとウォール街を闊歩するようなイメージをもっている読者が多いかもしれない．しかし，現代の金融業は，高度な数学を駆使したデータの塊であり，データサイエンスが活躍する場面も多い．また，金融業も預金者や貸付先といった顧客を相手にしている以上，前節で紹介したようなマーケティングを無視することはできない．

　この節では，金融業においてどのような形でデータサイエンスが応用されているのか，その一端を紹介する．

5.2.1　ポートフォリオセレクション

　銀行は一般に，顧客から預金という形で資金を集め，それを企業への貸付や金融商品への投資という形で資金運用を行って利益を得ている（それ以外に，金融商品の販売手数料などで利益を得ることもある）．資金運用の結果として得られる収益は不確実である．実際，株式に投資した場合は 1 年後にその株が値上がりしているか値下がりしているかわからないし，企業への貸付であればその企業が倒産して貸し倒れになるかもしれない．収益に不確実性がある場合，どのように運用先を決めればよいのだろうか．

　この問題に数学的基礎を与えたのが，米国の経済学者ハリー・マーコウィッツによる**ポートフォリオセレクション**理論である．ポイントとなるのは，

- 資金運用は，収益の期待値だけでなく，そのリスク (標準偏差) もあわせて考える必要がある
- リスクは収益の標準偏差で測ることができる
- 複数の種類の金融商品を組み合わせる分散投資を行うことにより，リスクを減らすことができる

という 3 点である．

5.2.2　デフォルト確率の分析

　銀行の資金運用先として最も重要なのは企業への融資であるが，場合によっては企業が倒産してしまい貸し倒れになることもある．それらは，以前であれば担当者が足繁く融資先に通って経営状況をモニタリングしていたのであるが，その企業のキャッシュフローなどの情報から，将来的な貸し倒れ (デフォルト) の確率を予測できないであろうか．また，銀行以外にも個人向けのローンなどを手掛けている会社もあるが，多数の個人の経済状況を常時モニタリングするのは困難であること，また個人向けローンでは担保をとらないことも多いことから，データに基づきデフォルトを予測することは重要である．

　デフォルトするかしないかは，数学的には「する＝1，しない＝0」の2つの値をとるものとして表されるから，第3章で紹介したロジスティック回帰モデルを利用することができる．目的変数を「デフォルトした＝1，デフォルトしなかった＝0」の2値をとるものとし，説明変数としては，将来的なデフォルト確率をこれまでのキャッシュフローのデータから予測したければそれらの変数を入れて計算すればよい．

　カードローンの審査のように，過去のキャッシュフローのデータが使えないときは，その人のさまざまな属性 (年齢，職業など) を説明変数として，同様にロジスティック回帰を用いればよい．

　なお，「デフォルトした＝1，デフォルトしなかった＝0」という2値を分析する手法は，ロジスティック回帰以外にもいくつかある．第3章で紹介した決定木分析もその1つであるし，明示的にモデル化 (回帰式の特定) を行わなくてもニューラルネットワークに必要なデータを入力して計算させるということも最近では多い．これらの手法のどれが優れているかは，データの性質にもよるので，一概にはいえない．実務上は，これらいくつかの手法を実際のデータに当てはめてみて，どれが成績が良かったか (デフォルトする・しないを正しく予測できたケースが多かったか) を比較して，最も成績の良かった手法を採用することも多い．

　デフォルト確率の分析の際に困るのは，金融業ではデフォルトが起こらないようにさまざまな方策をとるために，実際にデフォルトが起こったというケー

スが非常に少ないということである．データ分析を行う以上，実際にデフォルトが起きたケースのデータがなくては予測も立てられない．同様のことは工場における機械の故障予測の場合も生ずる (実際に機械が故障してからでは工場も生産停止で困ってしまうので，事前に対応をとるのが普通である)．このように，実際のデフォルトが観察できないような場合には，代わりの変数として，たとえば企業の財務格付けデータなどを用いることになる．

5.2.3 顧客行動の分析

金融業も客商売なので，よい顧客 (預金をたくさんしてくれる，保険に入ってくれる，電気料金の口座振替をしてくれるなど) をどう見極めるか，顧客にどうアプローチするかは重要な問題である．これらは5.1節で紹介したマーケティングの問題と捉えることができるので，同じ手法を使って分析することができる．

たとえば，銀行にとって預金を中途解約されたり，保険会社にとって保険を中途解約されたりするのは，経営的にも痛手であるし，顧客との長年の信頼関係が途切れてしまうことになる．解約するかどうかは最終的には顧客の判断とはいえ，たとえば生命保険ではいったん解約して新たに保険に入ろうとしても年齢が高くなると保険料も高くなることが多いし，健康状態によっては新しい保険への加入を断られることもある．顧客は軽い気持ちで解約を考えているかもしれないが，中途解約にはそのようなデメリットもあることを十分理解してもらうのも金融業の大事な仕事である．中途解約も，「解約する＝1，解約しない＝0」という2値と捉えると，先ほどのデフォルト確率の分析と同様，ロジスティック回帰分析や決定木分析を使うことができる．また，クラスタリングの手法を用いて顧客のセグメンテーションを行い，どのような属性をもつ顧客層が中途解約する確率が高いかを見極め，必要に応じて担当者が電話をかけたり営業員が訪問したりするといったことも多く行われている．

また，電話やダイレクトメールで金融商品の勧誘を行うことも多い．その場合，どのような顧客層が成約率が高いかを見極め，効率的なマーケティングを行う必要がある．これも「成約＝1，成約しない＝0」と考えると，ロジスティック回帰や決定木分析などの手法を用いることができる．

148   第5章　データサイエンスの応用事例

5.2.4　保険

　生命保険や損害保険などの**保険**は，そもそもが確率論・データサイエンスに立脚している事業である．

　例として，生命保険を考えよう．20歳の男性が30歳までに死ぬ確率は約0.5％である (厚生労働省「第22回生命表」)．この人が家族を抱えていて「万が一，自分が死ぬようなことがあった場合，残された家族の生活のために1億円残したい」と考えても，個人で1億円準備するのはなかなか大変である．しかし，同じような人を1000人集めれば，その中で不幸にして30歳までに亡くなる人は$1000 \times 0.5％ ＝ 5$人と見積もることができるから，全体で5億円準備できればよい．これを1000人でお金を出し合うことにすれば，一人一人は50万円準備すればよいことになる．多数の契約者を集めれば，確率論でいう「大数の法則」によって全体の死亡数は一定の割合に収束するので，それに見合う金額を保険料として徴収すれば全体で収支はトントンになる．これが最も簡単な保険の仕組みである．

　実際には，死亡率は年齢とともに上昇するので，若い人も高齢者も同じ保険料を設定すると若い人からは不満の声が上がるであろう．これを解決したのが，ハレーすい星で名高いイギリスの天文学者エドモンド・ハレー (1656–1742) であり，ドイツの都市ブレスラウの記録に基づいて年齢別の死亡確率を計算して年齢別保険料に関する基礎付けを与えた．

　現在では，年齢以外にもさまざまな要因を使ってリスクを細分化し，リスクに応じた公平で公正な保険料を設定することも広く行われている．生命保険の分野では，タバコを吸わない人には保険料を安くする非喫煙者割引や，逆に一定の病気を抱えた人でも保険料を割り増しした上で保険加入を認めるといったことが行われている．損害保険では，自動車保険において運転者の事故履歴に応じて保険料を変えたり，さらに進んでたとえば，あいおいニッセイ同和損害保険では，自動車にモニターを搭載して運転者がどの程度安全な運転をしているか (走行距離，急ブレーキや急発進の頻度など) をモニターしそれに応じて保険料を設定することも行われている (テレマティクス保険)．テレマティクス保険は，保険会社のメリットになるだけでなく，運転状況のモニタリングによっ

て運転手に安全運転を促す効果もあり，またそれによって得られたデータを交通安全対策にも応用することが考えられるので，社会的意義も大きい．

最近ではさらに進んで，遺伝子情報を生命保険に活用できないかといった議論もなされている．医学的研究の進歩によって，遺伝子が特定の病気の発症に深く結び付いていることなどが明らかになってきており，その情報を用いればさらに適切なリスク評価ができるのではないかということである．しかし一方で，遺伝子は生まれつきのものであって個人の努力でどうにかなるものではないこと，「あなたは病気にかかるリスクが高いので保険加入をお断りします」ということになっては社会的な問題にもなる．「私は高血圧になりやすいので，塩分を控えめにしよう」という形で使うのであれば社会全体にもプラスになると考えられるが，遺伝子情報の利用については倫理的な側面も踏まえて今後深い議論が必要であると思われる．

5.3 品質管理

5.3.1 産業・企業の生命線をにぎる「品質」

現代の私たちの暮らしや社会は，産業によって支えられているといっても過言ではない．現代社会では，産業の発展によりさまざまな製品やサービスが提供されているが，今後も暮らしや社会を支え貢献していくために，産業は大きな役割を果たし，進化していくことが期待される．

産業において，「QCD」という言葉が使われる．「品質 (Quality)」，「コスト

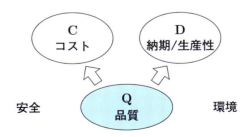

図 5.1　産業活動の基本要素 QCD

150　第 5 章　データサイエンスの応用事例

(Cost)」，「納期 (Delivery)」の頭文字をとった略語であり，産業活動で管理すべき基本要素を示している (図 5.1 参照)[2].

　産業活動は，QCD の高度化・適正化の追求であるといえるが，企業活動を，コスト優先，生産性優先の考え方で行っても，品質に問題があればその製品の存在価値はなく，消費者や顧客，社会に受け入れられない．すべての基盤・前提は，Q「品質」にある．また，安定した品質を実現するためには，トラブルがない最適な生産活動が必要である．品質を追求していくことは，結果的に，コスト低減や納期短縮，生産性向上など，QCD 全体の高度化・最適化を実現していくことにつながる．

　このように，優れた安定した品質，高度で間違いない品質，魅力的で信頼できる品質の提供は，企業活動の基盤・前提であり，「品質管理」は，産業，企業の生命線をにぎる活動といえる．

5.3.2　現代の品質管理の考え方

　戦前および戦後しばらくの間，日本の工業製品の品質に対する評価は低いものであったが，現代の日本製品に対する信頼は高いといえる．その背景には，戦後米国から学んだ品質管理の考え方を，産学官が協力し，我が国独自の全社的品質管理・総合的品質管理活動として発展させ，体系化してきたことがある．この全社的品質管理・**総合的品質管理**活動は，**TQM** (Total Quality Management) とよばれている．

　また，生産活動の中ではさまざまなばらつきや変動がある．そのことを踏まえた，数理的・論理的な品質管理が重要である．そこで，統計的な考え方や手法を適用した品質管理が行われている．そのため，現代の品質管理は，**統計的品質管理**「**SQC** (Statistical Quality Control)」とよばれている．

　現代の品質管理には色々な役立つ考え方があるが，基本となる考え方をまとめると，図 5.2 のようなポイントがあげられる．

　まず，よい品質 (結果) はよいプロセスからうまれるという考え方が重要であ

---

[2] 一般に QCD といわれるが，労働安全 (Safety)，環境管理 (Environment) を加えて SQCDE などの言い方もされる．また D は Delivery の頭文字であるが，一般的には納期と示され，さらには生産・生産性を含めた意味で用いることが多い．

> 1. 結果を生み出す**プロセス（工程）に着目**し，**不良をつくらないプロセス**を作り上げていく．
>   - ● 生産プロセス　　● 新製品開発プロセス
>   - ● 業務プロセス　　● 経営プロセス
> 2. 工業生産は**"ばらつきとの戦い・極小化"**．
> 3. 主観的判断ではなく，**事実とデータ**をもとに判断する「科学的品質管理」を行う．

図 5.2　現代の品質管理の考え方

る．従来の品質管理では，結果重視の考え方が強かった．生産した製品を検査し，良い製品だけを出荷するという考え方である．それに対し現代の品質管理は，「よい品質をうみだすことができるプロセスにしていく」というプロセス重視の考え方に基づいている．

　生産された製品，すなわち不良[※3]も含まれているかも知れない製品を検査・選別して品質を保証するのではなく，「不良そのものをつくらないプロセスに改善していく」という取り組みが行われてきた．不良をつくらないプロセスは，不良が生まれる原因を一つひとつ追究し，改善を積み重ねることで実現することができる．

　このプロセス重視という考え方は，生産プロセスだけに限らず，さらに，「新製品開発のプロセス」，「業務のプロセス」そして「経営のプロセス」というように，概念が広げられてきた．このようにして，全社的品質管理・総合的品質管理という考え方に基づき，製品の品質だけではなく，それらを生み出す経営体質，経営の品質の強化が図られてきた．

　2つ目にばらつきとの戦いがあげられる．従来，品質を考えるとき「水準」には着目するが「ばらつき」に対する着目が少なかった．しかし大量生産する製品には，必ず何らかのばらつきがある．工業製品の品質は，このばらつきを極小化することに意味があり，重要である．そこでばらつきの極小化を目指し，ばらつきが生じる原因を追究・改善する「ばらつきとの戦い」を徹底して行うこ

[※3] 「不良」を表す言葉として，品質管理では「不適合」という用語が使われるが，本書では理解を容易にするため一般的な「不良」を用いる．

とで，日本の工業製品の信頼は高められてきたといえる．

3つ目に事実とデータに基づく科学的品質管理が重要である．現代の品質管理は，事実とデータに基づく論理的な品質管理である．品質管理において，最終的には人がかかわり，判断や処置が行われる．しかし人の「勘や経験」だけに頼っていては，客観性や妥当性がない判断や処置が行われることが少なくない．そこで，客観的で納得性のある判断や処置を行うために，事実とデータを重視している．

5.3.3　品質の分類

品質の定義や分類にはいくつかの考え方があるが，代表的な分類が「**設計品質**」と「**製造品質**」である（図 5.3 参照）．品質管理は，これら 2 つの品質を適切に作りこむための，体系的・組織的活動である．

設計品質とは，研究・開発で検討し，具体化，決定した新製品の構成，性能，仕様である．「狙いの品質」ともいい，大量生産で再現する基準となる品質である．製造品質とは，設計品質を再現し，工場で大量生産した製品の品質である．設計品質に一致することが望ましく，「適合の品質」ともいう．製造品質はばらつきをもっており，そのばらつきを小さくし許容範囲内に管理することが重要になる．

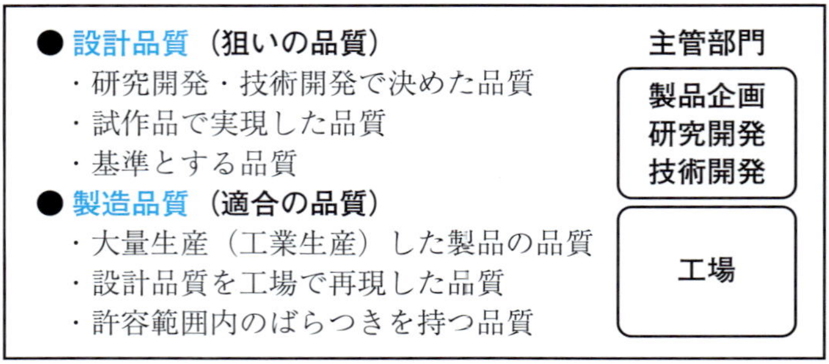

図 5.3　品質の分類 (設計品質と製造品質)

5.3.4 品質管理におけるデータ

図 5.4 に示すように，設計品質は新製品開発プロセス，製造品質は生産プロセス，工程の管理と改善プロセスを経て作りこまれる．これらのプロセス中では，市場やニーズにかかわる調査データや情報，技術，開発にかかわる実験や評価データ，最適な製造条件設定や管理に関するデータなど，さまざまなデータや情報が存在する．これらをいかに把握し，活用するかが重要である．品質管理では，多くのデータや情報が必要であり，活用されている．

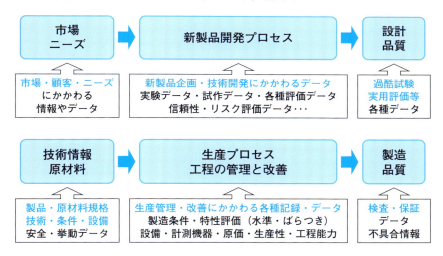

図 5.4 品質管理で活用されるさまざまなデータや情報

品質管理で扱われるデータを分類したのが，図 5.5 である．**数値データ**，**言語データ**およびその他データがある．こうしたデータを駆使し，必要な知見や情報を得て，判断・アクションをとるのがデータ活用の目的である．

基本となるのが，数値で示される「数値データ」である．数値データには，強度や寸法など連続的数値で示される「計量値」と，個数や欠点数など離散的数値で示される「計数値」の2つの種類がある．

既述のとおり，現代の品質管理は統計的品質管理である．数値データを把握し，目的に合った色々な統計的解析手法が適用されている．

次に品質管理では，数値ではなく，状況や知見などを表す言葉・文字情報も活

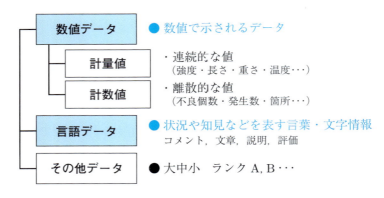

図 5.5　品質管理におけるデータ

用する．これを「言語データ」とよんでいる．品質管理実務は複雑であり，情報や知見は数値データ化されていないことも多い．また，最終的には数値データで把握する場合でも，「どのようなデータを収集すればよいか」などを検討し明らかにしていきたい場面もある．そうした，状況認識や問題の整理などに取り組む場合に，言葉・文字情報を収集・整理し，できるだけ客観的に扱い，必要な情報や知見を抽出しようとするのが言語データの考え方である．

その他データとして，順位，ランク付けなどがある．区分，層別することにより，情報を整理し，重み付けするなどの活用が行われる．

5.3.5　データ活用のための手法：数値データの活用手法

数値データを視覚化し，判断・アクションを支援するための代表的手法が **QC 7 つ道具** である．QC 7 つ道具は，品質管理で最も汎用的に活用される手法である．ヒストグラムや散布図などデータ分析の基本的な手法も QC 7 つ道具に含まれる．QC 7 つ道具には，実践的で重要な手法が集められており，現場だけではなく広く実務において活用されている．なお特性要因図は言語データを扱う手法であるが，活用の利便上，QC 7 つ道具の中の 1 つとして組み込まれている．

数値データに対しては，さらに，検定・推定や実験計画法，相関分析，品質工学，多変量解析など，多様な統計的解析手法が適用され，研究開発，生産，管理などの場面で活用されている (図 5.6 参照)．

> **1) 視覚化する手法『QC7つ道具（Q7）』**
> ① チェックシート ② グラフ ③ パレート図
> ④ ヒストグラム　⑤ 管理図 ⑥ 散布図
> ⑦ 特性要因図(言語データ)
>
> **2) 統計的解析手法**
> ① 検定・推定 ② 相関分析 ③ 実験計画法
> ④ 信頼性工学 ⑤ 品質工学 ⑥ 多変量解析など

図 **5.6** 数値データの活用手法

5.3.6 データ活用のための手法：言語データの活用手法

言葉や文字情報を整理し視覚化する方法として，**新QC7つ道具**がある．漠然とした状況や認識のままでいるのではなく，カードに書き出す，並べ替える，集約する，関係づける，階層化するなどを行うことで，情報や知見を加工することができ，状況の整理，新たな着眼点の獲得や発見，発想を得ることが可能となる (図 5.7).

> **整理・視覚化『新 QC7つ道具（N7）』**
> ① 親和図法 ② 連関図法 ③ 系統図法
> ④ マトリクス図法 ⑤ アローダイアグラム
> ⑥ PDPC 法 ⑦ マトリクスデータ解析法(数値データ)
>
> **状況認識や問題解決を支援する知見を得る**
> ・ 数値化されていない情報の中から知見を抽出する
> ・ 数値データ化するための着目点を獲得する

図 **5.7** 言語データの活用手法 (新 QC7つ道具)

新QC7つ道具は，言語情報や考えなどを作図的に加工し，整理・検討していく方法である．なおこれらの中でマトリクスデータ解析法は，数値データを扱うが，手法開発の経緯上，新QC7つ道具の中の1つとして組み込まれている．

156 第5章 データサイエンスの応用事例

5.3.7 今後の課題とデータサイエンス

これからの産業を考えると，社会の進化・多様化，製品の高度化・複雑化，グローバルな産業構造の枠組み変化が進むなかで，たとえば以下に示すような，より高度で完成度の高い品質管理，ものづくりが求められるようになると考えられる．

- 潜在ニーズを超えた着想の新製品開発
- ばらつきの極小化，無欠点，全数品質保証
- 官能的品質の評価・管理技術の開発，製品・サービスへの反映
- 実故障，実経年データに基づく信頼性予測技術の開発，高度化
- AI (人工知能) による熟練技能，管理技術の習得，業務変革
- トラブルフリー，高生産性生産プロセスの追及
- ネット連結による複数工場・生産ユニットの同時一元管理，最適化

現代の品質管理の基盤は，統計的品質管理 (SQC) である．我が国は SQC を活用して優れた品質を実現してきたが，複雑で飛躍的な変化の中では，格段に精緻な管理や方向性を見出していくための取り組みが必須となってきている．

そのためには，市場や産業活動の中に存在する膨大なデータ・情報を利用して得た情報・知見に基づく，的確な取り組みが重要である．データサイエンスが担うべき役割であり，我が国が得意とする品質管理の高度化において，データサイエンスの見方・考え方・手法の活用と貢献が期待される．

5.4 画像処理

ここまで本書では，主として CSV ファイルなどのように情報が数値化され表として表現されたデータ (**構造化データ**) を扱ってきた．しかし，データサイエンスが分析対象とするデータは構造化データだけではなく，PDF や画像・音声など，それ以外の形式で表現されるデータ (**非構造化データ**) も扱う．本節では，非構造化データの代表例として，画像を用いたデータサイエンスの応用事例をとりあげる．画像について理解するために，まずカメラによって撮影されるデジタル画像がどのように構成されているのかを解説する．次に，**画像処理**で実現される応用例を紹介する．

5.4.1 人間の目と機械の目

近年,機械の目であるデジタルカメラによって撮影された画像や映像を処理・解析する画像処理・**画像解析**によってさまざまな応用が実現されているが,そもそも**デジタル画像**とは何であろうか.これを知るために,ここではまず人間の視覚について紹介する.図 5.8 に示すように,人間は目を通して世界を見ている.目の中には網膜とよばれる神経組織があり,この神経組織が赤・緑・青の光の強さに反応して光の量を測り,視神経を通して光の量を脳に伝達している.このとき,光は水晶体とよばれるレンズを通過して目の奥の網膜に届いているため,レンズによって写される像は,物理的には上下左右に反転した鏡像となっている.

一方,一般的なデジタルカメラも,やはり人間の目と同じようにレンズを使った仕組みで世界をとらえている.図 5.9 に示すように,デジタルカメラにおいては,目の網膜の代わり **CCD** や **CMOS** とよばれる,平面上に規則正しく並べ

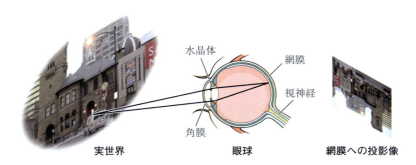

図 5.8　人間の目:網膜への投影

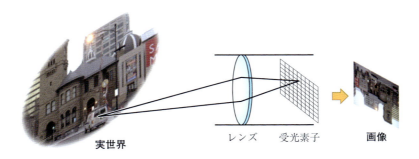

図 5.9　機械の目:受光素子への投影

られたセンサの集まりによって光の量が計測される．このセンサを**受光素子**とよび，これら個々の受光素子がレンズによって集められた光の量を計測し，コンピュータに画像を伝送することで機械の目の機能を実現している．

5.4.2 画素

　一つひとつの受光素子から集められた明るさの情報は，コンピュータの内部に画像データとして保存される．図 5.10 に，デジタル画像の一部を拡大したものを示す．この図のように，デジタル画像は規則的に並んだ**画素**とよばれる色のついたタイルの集合で構成されており，デジタルカメラの 1 つの受光素子で観測された情報は 1 つの画素の情報として保存されている．カメラの受光素子の数が少ない場合，画像を表現するために利用できる画素の数が少なくなるため，同図右の拡大図のように撮影対象の形がつぶれてしまい，細かな形状を見分けることはできない．一方，同図左の拡大図のように受光素子が多い場合には，画像を表現する画素の数が増えるため，物体のより詳細な形を知ることができる．このような画像を構成する画素の数を**解像度**とよび，解像度が高いほどシーンの様子を詳細に見分けることができる．

図 5.10　画素と解像度

5.4.3 色表現

　受光素子は光の量を測るセンサであり，そのままでは色を見分けることができない．このため，一般的なデジタルカメラには，図 5.11 に示すような，赤・

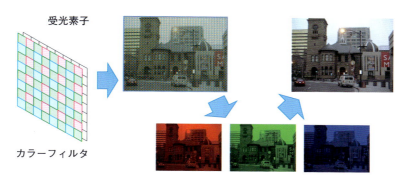

図 5.11　カラー画像の撮影

緑・青 (以下，**RGB**) の色がついた**カラーフィルタ**が受光素子の前に配置されている．光はこのカラーフィルタを通過して受光素子に届くため，受光素子は場所によって RGB いずれかの受光量を計測することとなる．この方式で得られる画像は同図中に示すようなモザイク状の画像となるが，いったんこの画像から RGB に対応する画素の情報を抜き出し画素の値を補間した後に，各画素の色を合成することで**カラー画像**をつくることができる．

　ではここで，色を合成するとはどういうことであろうか．人間の目の中の細胞は，RGB それぞれの光の量を測る細胞に分かれており，人間はこれらの細胞が受け取った RGB の明るさの比率によって色を知覚している．したがって，人間が感じ取ることができる色は基本的にはこれら光の三原色である RGB を混合したものとなる．上述した処理によって，各画素はこれら 3 色の明るさの情報をもっているため，単に RGB の明るさを混ぜ合わせて再現することで，人間が知覚可能な大半の色を表現することができる．

5.4.4　画像データの表現

　デジタル画像は，図 5.12 のように画素の明るさを数値として並べた配列としてコンピュータに保存されている．前項で述べたように，各画素は RGB の 3 つの明るさをもつので，これらを順番に並べて保存したものが色情報付きの画像データとなる．画像処理においては，これらの画素に格納された明るさの情報を解析することでさまざまな応用を実現できる．たとえば，明るさや色が急激

図 5.12　画像のデータ配列

に変化する場所は物体の輪郭ではないかと推測することができる.

5.4.5　人間の視覚・認識機能の模倣とその応用

図 5.13 に示すように，デジタル画像は人間の視覚と似通った仕組みによって撮影されるため，カメラとコンピュータを使うことによって，人間と同じような仕組みでさまざまなことを実現できると考えられている．このような，画像の解析によってコンピュータにさまざまな機能を実現させる技術を**コンピュータビジョン**とよぶ．コンピュータビジョンの研究分野においては，人間が脳で認識処理を行う過程をまねた人工知能に関する研究が進歩したことで，コンピュータがさまざまな物体を見分けるための画像認識の性能が著しく向上している．またこのような脳をまねた人工知能だけでなく，特定の処理に特化して開発されたアルゴリズムを用いることで，人間を超える性能を発揮する画像処理技術も数多く研究され実用化されている．

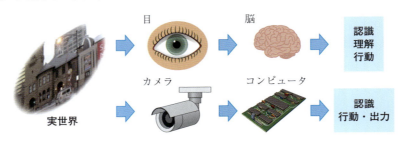

図 5.13　人間の視覚システムとコンピュータによる画像認識

5.4 画像処理　　*161*

このようなコンピュータビジョンの利点は，個別の専用センサを用いることなく，さまざまな場所で容易に撮影可能な画像から多様な情報を抽出できることにある．たとえば，画像からは以下のような情報が抽出できる．

- 人間の位置，動き，視線，人数，年齢，表情，感情
- 物体の位置，形，動き，数，物体カテゴリ，質感
- シーンの撮影場所，形状，照明条件，天候

この他にも，人間が認識できる情報の多くは画像からも取り出せると考えられている．また，このようにして取り出された情報を使えば，以下に示すようなさまざまな機能を実現できる．

- 指紋認識，顔認識，人数計測
- 測量，計測，景観シミュレーション
- 自動運転，安全運転支援
- 医用画像診断，生活支援，見守り，介護

なお，すでにコンピュータビジョンによる人間の視覚認識機能の部分的な再現が実現されているが，人間による理解の仕組みは未だ再現されておらず，認識結果を用いた実応用にはこれまでのような「人」によるアルゴリズム開発も不可欠である．

5.4.6　データサイエンスと画像処理技術

現在，スマートフォン，ドライブレコーダー，防犯カメラなど，多くの場所にカメラが設置されている．このようなカメラ機器を使えば，膨大な量の画像や映像を容易に収集することが可能となる．また，一般ユーザによって撮影された画像群は日々インターネット上に共有されており，巨大な画像データベースが構築されつつある．これら日々蓄積される大量のデータは**ビッグデータ**とよばれ，ビッグデータの解析によってさまざまなことが実現できる．

ここで図 5.14 に示すように，画像・映像のビッグデータを分析するためには，画像・映像を処理し情報を抽出する画像解析が必要となる．次に，抽出された情報は数値化され，分析することが可能となるが，分析結果をわかりやすく活用する場面においても画像処理は有用である．たとえば，画像・映像を使って分析結果をわかりやすく見える化する**画像合成**の技術を活用することで，専門家でない

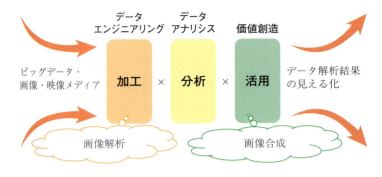

図 5.14 データサイエンスにおける画像処理技術の活用

一般ユーザにも活用・提供可能なデータ分析システムを構築することができる．なお，近年ではテキストと画像の双方を扱える**マルチモーダル AI** が実用化されているが，なかでも**拡散モデル**と呼ばれる仕組みに基づく画像生成 AI を用いれば，テキストを入力として意図に沿った高品位な画像を生成することが可能となっており，これを活用した画像コンテンツの生成なども実用化されている．

5.5 医学

「**根拠・証拠に基づく医療**（英語で Evidence Based Medicine を略して EBM とよばれることが多い）」の必要性が認識されはじめたのは，比較的最近のことである．これは意外に思われるかもしれないが，これまでの医療は試行錯誤に基づいた，かならずしも強い根拠のない経験則に依存してきた側面がある．「根拠・証拠に基づく医療」は医療に関連した事柄をデータ化し，それらの統計的解析から適切な治療を選択する「データの統計解析に基づく医療」を目指している．またその背景として，近年急速に発展した生物学，とくに分子生物学の知識を応用する「生物学・分子生物学に基づく医療」も重要になってきている．

5.5.1 データの統計解析に基づく医療

データの統計解析に基づく医療の代表例は，新薬の治験である．新しく開発された治療薬を実際に処方する前には，段階を追って試験的に被験者に投与し，効果を統計的に検証することが求められる．

5.5 医学　*163*

　新薬の治験ではまず安全性の確認のために，少数の健常者を被験者として段階的に新薬を投与し，毒性の有無の試験と適切な投与量の調査が行われる (第1相試験)．次に，少数の患者を被験者として，同様に有効性と安全性を試験する (第2相試験)．最後の第3相試験では，より多くの患者に投与することで本格的な試験を行う．このとき被験者は2群に分けられ，一方には治験薬が，他方には効果のない偽薬 (ぎやく) が，それぞれ被験者にはどちらが処方されているか伏せられた状態で処方される．これは効果のない薬でも，ある程度の割合の患者が快方に向かうプラセボ効果 (偽薬効果) が知られているからである．通常この試験は，薬を投与する医師自身も，自分の処方する薬が新薬であるか偽薬であるかを知らされない状況下で行われる (**二重盲検試験**)．これは医師の態度が患者に影響を与えることを避けるためである．

　つまりある新薬によって疾患 (病気) が治る場合があったというだけでは，有効とはみなされない．新薬によって治癒した患者の割合が，偽薬によって治癒した患者の割合を上回っていること，および，その上回った割合が偶然とは考え難い値 (統計的に有意な値) に達していることを示すことが求められる．また，すでに類似した効果を示す薬が承認されている場合は，偽薬のかわりに既存薬をつかって第3相試験が行われる場合もある．この場合は同様な試験方法で，新薬が既存薬を上回る効果をもつことを示すことが求められる．

　さらに近年では，観察研究ではあるが，体温・血圧・血糖値などや，後で述べる遺伝子まで，患者の状態をコンピュータで扱える電子カルテとよばれるデータとして記録し，それらを統計的に処理することで治療の効果を測定し，以降の治療計画を立てることが一般的になりつつある．これも基本的な考え方は新薬の治験と類似している．たとえばある疾患の患者を喫煙履歴のあるなしで2群に分け，その後の経過を記録することで，いずれかの群の予後が統計的に有意に悪ければ，喫煙が予後に影響を与えると考えられる．

　あるいは逆に，予後の悪かった患者とそうでなかった患者を2群に分け，過去にある検査や治療を受けていたかどうかを比較し，その検査や治療を受けていた群の予後が有意に良好であれば，その疾患の患者には必ずそれを施すように医療計画を改善することができる．この方法は結果から遡って原因を探求す

164 第 5 章 データサイエンスの応用事例

るので，**後ろ向き解析**とよばれる．このような後ろ向き解析は，患者のさまざまなデータを自動的に収集できる生体データ測定技術と，それによる大量データ (ビッグデータ) の蓄積を背景として特に活発になりつつある．

5.5.2 生物学・分子生物学に基づく医療

現代生物学では，人を含む生物の生命活動は，生体を構成する分子と，それらの分子間で起こる化学反応の集合体であるとされる．生物の姿かたちや行動は，遺伝子によってある程度まで (すべてではないが) 決められている．遺伝子の実体は **DNA** (デオキシリボ核酸) 分子であり，DNA 分子の情報がタンパク質分子に翻訳され，タンパク質分子が細胞を構成し，生体内の化学反応を調整することで生命活動が維持される．このような生物の分子的な基盤は 20 世紀中頃から急速に解明が進み，その知識は次第に医療へ応用されてきた．

たとえば，多くの疾患が**遺伝情報**の変異 (すなわち DNA 分子の損壊) に起因して起こることが理解されてきた．そのような疾患を合理的に治療するためには，どの遺伝子が疾患の原因であり，遺伝情報の変異がどのようなメカニズムで疾患を引き起こすかを解明することが近道である．未知の疾患遺伝子を探索するには，以下に解説するように，分子生物学と統計学の知識が両方必要とされる．

5.5.3 染色体上で遺伝子を探す

ある生物がもつ遺伝子の 1 セットを**ゲノム**という．ゲノムの実体である DNA 分子は，A，T，G，C の 4 種類の塩基とよばれる小分子が鎖状につながった巨大分子であり，塩基の並び方 (AGTCCGGTTT··· などのように表される) によって遺伝情報がコード (暗号化) されている (図 5.15)．

染色体は細胞分裂や生殖細胞を形成する過程で観察される，DNA 分子とタンパク質分子の凝集体である．人は 2 セットのゲノムを 1 組でもち，すべての人は父親と母親からそれぞれ 1 つずつゲノムを受け継いでおり，父親と母親から受け継いだゲノムは，それぞれ相同染色体 (2 つ 1 組) の関係にある．父親と母親から子供に受け継がれる染色体が生成される過程では，相同染色体の間で染色体組換えが起こる．これは，それぞれの父母 (すなわち子供から見た祖父母) からの遺伝子を混ぜ合わせることに相当する．

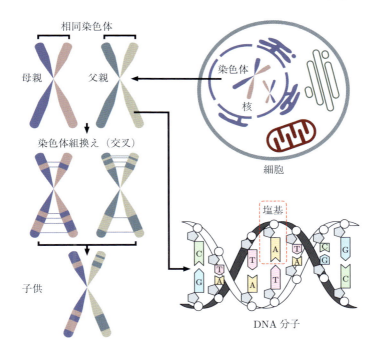

図 5.15 遺伝子と遺伝の基礎．(右) 遺伝子は細胞の核内にある DNA 分子に塩基 (A, T, G, C) の配列としてコードされている．人では塩基配列は約 30 億文字あって，そのなかの連続した文字列が個々の遺伝子をコードしている．(左) 遺伝子が親から子へ伝わるとき，DNA 分子の凝集体である染色体の組換え (染色体交叉ともいう) により遺伝子が混ぜ合わされる．

　染色体の中で特定の機能をもつ塩基の集まりを**遺伝子**，染色体上で遺伝子の存在する位置を**遺伝子座**とよぶ．また，同一の遺伝子座を占めることができる異なる遺伝子を，互いに対立遺伝子の関係にあるという．染色体組換えは新たな対立遺伝子の組み合わせを生み出す．染色体組換えによって新しい遺伝子の組み合わせ (**遺伝子型**) がうまれ，身長，目の色，あるいは遺伝病などの性質 (**表現型**) が発現する．したがって，すべての子供は両親とも祖父母とも異なる独自のゲノムをもっていて，このバリエーションがそれぞれのヒトの個性の源である．

　人は 2 万個以上の遺伝子をもち，それぞれの遺伝子座に少なくとも 2 つ以上の対立遺伝子が存在すると仮定すると，可能なゲノムのバリエーションは $2^{20,000}$

166　　第5章　データサイエンスの応用事例

をはるかに上回ることになる．また，父母からのゲノム (相同染色体) の組み合わせを考えると，バリエーションはさらに増加する．これは (一卵性双生児などを例外とすると)，これまで自分と同じゲノムをもった人は存在せず，また未来においても出現することはほぼありえないことを意味している．

5.5.4　大規模に疾患関連遺伝子を探す

　2003 年にヒトゲノム計画の結果として，約 10 年の年月と 3,000 億円の研究費を費やして 1 人分の全ゲノム DNA 塩基配列の解析が完了し，人類ははじめて自らの遺伝子の全情報を手に入れることができた．しかしその後わずか 10 年たらずのうちに，高速シークエンサとよばれる新しいテクノロジーが登場し，DNA 塩基配列の解析はより高速に，より安価に行えるようになり，個人レベルのゲノムの解析が実現した．現在ではおおよそ 1 週間，10 万円程度で 1 人分のゲノムを解読することが可能であり，すでに全世界で数万人規模の全ゲノム解析が行われている．

　ゲノムは塩基配列で書かれた生物の「設計図」であり，それぞれの人は塩基が 1 文字異なる 1 塩基多型などにより，少しずつ異なる塩基配列をもっている (図 5.16)．この塩基配列の違いは，同じ人種であれば約 0.1 ％，ヒトと最も近縁なチンパンジーとの間でも約 1 ％にすぎない．ここから，少しの塩基配列の違いが大きな形態や行動の違いを生み出していることがわかる．さまざまな疾患も，塩基配列の変化によって発症することが知られている．

　高速シークエンサなどの技術の発達により，ゲノム配列を直接読み取ることで疾患に関連した遺伝子を探索することが可能になった．たとえば，ある疾患を発症した患者のグループ (疾患群) と，その疾患を発症していない人のグループ (対照群) のゲノム配列を決定し，両グループの配列を比較して，疾患に「関連している」遺伝子を統計的に推定することができる．この大量のデータに基づく統計解析が**全ゲノム相関解析** (英語で Genome Wide Association Study を略して GWAS＝ジーバスとよばれる) である．これは前項で紹介した「データの統計解析に基づく医療」をゲノム解析で行うことに相当する．

　この方法は遺伝子型と疾患の相関を調べる統計解析なので，「相関は因果関係を保証しない」という原則から，ふつうは疾患「原因」遺伝子ではなく，疾患

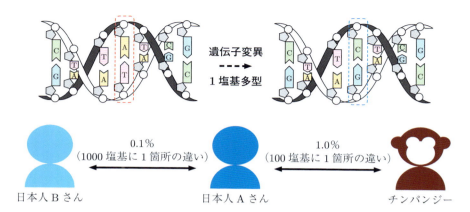

図 5.16 塩基配列の違い．(上) ある個人のゲノムに起こった塩基の変化を遺伝子変異，これが親から子へ継承され遺伝的に維持されている場合を 1 塩基多型とよぶ．この例では赤点線で囲んだ A-T の塩基の 1 組だけが，青点線で囲んだ C-G に変化している．(下) 同一生物種間と異なる生物種間の塩基配列の違いの例．

に「関連」する遺伝子と言い表す．

実際の GWAS では図 5.17 のように多数の遺伝子を同時に調査し，遺伝子型と疾患の相関を調べて得られた $-\log_{10}(P\text{-値})$ (P-値の対数のマイナスなので，この値が大きいほど有意な差がある) のプロットから高い値を示す複数の遺伝子 (図 5.17 の赤丸) が疾患に関連すると判断される．

GWAS は多くの患者 (および対照群の被験者) の協力を必要とする解析なので，がんや糖尿病などの，よくある疾患に関連する遺伝子の探索には大きな威力を発揮する．一方でこの方法は，患者数の少ない希少疾患には適用しにくいという問題がある．そのような場合は，前項で説明した家系解析などの方法を使った遺伝子探索が有効である．

5.5.5 生物学・分子生物学に基づく医療

これらの例のように現代の医療には，さまざまな統計学的なデータ解析や生物学・分子生物学に基づいた解析が応用されていて，医療・医学におけるデータサイエンスの重要性が非常に高くなってきている．

ただしここで紹介した解析は，一握りの比較的簡単に解析できる例にすぎな

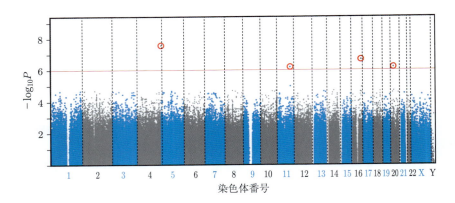

図 5.17 GWAS の例．横軸は染色体番号，縦軸は検査された遺伝子の $-\log_{10}(P\text{-値})$ を示す．検定された遺伝子は青または灰色の点で示されている．赤い横線は有意水準 10^{-6} を示していて，これより高い値を示す赤丸で囲った遺伝子が有意にこの疾患と関連するとみなされる．

いことにも注意する必要がある．たとえば，疾患に関連した遺伝子が特定されれば，それで直ちにその疾患が治せるようになるわけではない．遺伝子が特定されても，その遺伝子の機能を促進すれば疾患が治るのか，あるいは抑制することが必要なのかは不明である．また，生物の体内で1つの遺伝子が独立に機能していることはほとんどないので，特定した遺伝子だけを標的にして疾患を治療することは多くの場合困難で，多数の遺伝子の相互作用を考慮したより深い探索が必要となる場合が多い．

また冒頭で説明した治験は，新薬の有効性を統計解析により客観的に示すことができるが，治験に供する新薬を設計(**ドラッグデザイン**)するには，かなり難度の高い地道な研究・開発を行う必要がある．ドラッグデザインの成功率は，いまだに数万分の1(新薬を1つ実用化する間に数万の薬候補が脱落する)とされる．

統計学をはじめとするデータサイエンスは，これらの問題を解決するための手段としても期待されている．しかし，そのためのデータの収集方法や解析方法の多くはいまだに基礎研究の段階にあり，一層の進歩が求められている．

第6章

統計的推測の基礎

　データサイエンスにおける統計の役割は非常に重要である．これまで，平均や分散をはじめ，データを要約するためのいろいろな量について説明した．ところで，このようにして得られた値はどれほど信頼できるものなのだろうか．このような疑問に答えるために，まず統計と確率の関連について説明することから始めよう．

6.1　母集団と標本

　調査の対象となる集団全体を**母集団**といい，母集団に含まれる要素数を**母集団の大きさ**という．母集団の部分集合を**標本**といい，標本に含まれる要素数を**サンプルサイズ**とよぶ．また，母集団から標本を取り出すことを**標本抽出**あるいは**サンプリング**とよぶ．いくつか例をあげよう．

例 1.　国勢調査では，日本に住んでいるすべての人が調査対象となるため，母集団の大きさはおよそ 1 億 2 千万となる．この場合，母集団に含まれる要素をすべて調査するため，サンプルサイズもおよそ 1 億 2 千万である．

例 2.　選挙では，実際に投票した人に対して出口調査が行われる．この場合，母集団は投票者全体であり，出口調査に回答した人が標本である．

例 3.　電池の寿命を調べるために，製造されたもののうちのいくつかに対して抜き取り検査が行われる．この場合，母集団は製造される電池すべてであり，標本は抜き取り検査が行われたものすべてである．

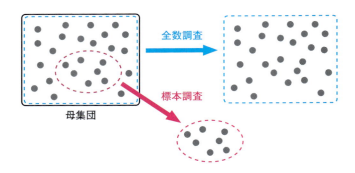

図 6.1 母集団と標本のイメージ．黒の実線が母集団であり，黒点は母集団の要素を表している．青の破線は全数調査で得られる標本を表しており，サンプルサイズと母集団の大きさは同じである．赤の破線は標本調査で得られる標本を表しており，母集団の一部のみを調査するため，サンプルサイズは母集団の大きさよりも小さい．

母集団の大きさが有限である場合，例 1 のように，母集団に含まれる対象すべてを (その気になれば) 調査可能である．母集団の要素すべてを対象とする調査を**全数調査**とよぶ．全数調査では，集団を代表する平均や分散などの値を正確に知ることができるため，得られた値は「真の」値と考えられる．

一方，たとえ母集団の大きさが有限であったとしても，調査にかかるコストなどの観点から，現実的には例 2 のように母集団の一部を観測することが多い．また，例 3 では，製造されたすべての製品を調査してしまうと，販売できるものがなくなってしまうため，原理的に母集団の一部を調査するしかない．さらに，母集団はこれから製造される電池も含むため，全数調査を行うことは現実的に不可能である．このように，母集団の一部だけを調査することを**標本調査**とよぶ．標本調査では，母集団の一部のみを調査するため，観測された標本に基づいて得られる平均や分散などの値が，必ずしも母集団の特性を反映しているとはいえない．しかも，標本の取り方によってこれらの値も変わりうるので，なんらかの方法で標本に基づいて計算された値の信頼性を評価することが重要になる．限られた標本 (データ) から，全体 (母集団) の傾向を知るための統計的手法を統計的推測という．

統計的推測では，標本の取り方によって結果が変わるということを，観測される結果が偶然に支配されていると考える．そのため，必然的かつ自然に確率

6.2 確率変数と確率分布　　*171*

的な議論が要求される.

6.2　確率変数と確率分布

6.2.1　確率変数

　コイン投げやサイコロ投げのように, 観測される結果が偶然によって変わる現象に対して, その不確実性を定量化したものを**確率**とよぶ. たとえば, 公平なコイン投げでは「表」が出る確率は 1/2 であり, 直観的には 2 回に 1 回程度表が観測されるといった具合である. なお, 1 度の実験における一連の手順を**試行**とよぶ. たとえば, コイン投げの場合, 1 枚のコインを投げてその結果が表か裏かを観測することが, 1 回の試行である.

　「表」とか「裏」といった文字は, 足し算や掛け算などの演算ができないので, 数学的には非常に扱いづらい. そこで, 表が出たら 1, 裏が出たら 0 であるような変数 X を用意しよう. このような変数を**確率変数**とよぶ[※1]. 表が出る確率が 1/2 であるということを確率変数を用いて表現する場合,

$$P(X = 1) = \frac{1}{2}$$

のように表し,「$X = 1$ である確率は 1/2 である」と読み, 何度も実験を繰り返したときに $X = 1$ となる頻度が 1/2 であるということを意味している.

　コイン投げのように, 確率変数 X がとびとびの値を取るようなものを**離散型確率変数**とよぶ. したがって, 離散型確率変数 X は, 典型的には m 個の値 $x_1, x_2, \ldots, x_m$ を取る[※2]. 一方, 身長や体重のように, 連続的な値を取るような確率変数を**連続型確率変数**とよぶ.

(1)　離散型確率分布

　表が出る確率が 1/2 のコインを 3 枚投げて, 表が出た枚数を X とする. すると, X は確率変数であり, 3 枚のコイン投げの結果, 裏が 3 枚出たら $X = 0$ となる. また, コイン投げの結果が (表, 裏, 裏), (裏, 表, 裏), あるいは (裏,

---

[※1] より正確にいえば, いまの場合, 確率変数とは $X(表) = 1$ かつ $X(裏) = 0$ であるような関数である.
[※2] 表が出るまでコインを投げた回数のように, m が無限大となることもある.

172 第 6 章 統計的推測の基礎

表 6.1 3 枚のコイン投げで得られた結果と対応する確率変数の値, およびその確率

コイン投げの結果	(裏, 裏, 裏)	(表, 裏, 裏) (裏, 表, 裏) (裏, 裏, 表)	(裏, 表, 表) (表, 裏, 表) (表, 表, 裏)	(表, 表, 表)
確率変数 X の値	0	1	2	3
確率	$\dfrac{1}{8}$	$\dfrac{3}{8}$	$\dfrac{3}{8}$	$\dfrac{1}{8}$

裏, 表) であれば $X = 1$ である. 同じように, $X = 2$ となる場合と, $X = 3$ となる場合を考えると, コイン投げの結果と確率変数 X の対応は表 6.1 のようになる. いま, 表と裏が出る確率は同様に確からしいので, 8 通りの結果のうち何個が表であるかといったことを数えることで, 表の下段のように, 確率変数の取りうる値ごとに確率を割り当てることができる.

離散型確率変数 X が取りうる値すべてに確率を割り当てたものを**離散型確率分布**とよび, 表 6.1 のようにまとめることができる. つまり, X の取りうる値 $x_1, x_2, \ldots, x_m$ に対して, 確率

$$P(X = x_i) = p_i, \qquad i = 1, 2, \ldots, m$$

を指定するということである. なお, $f(x) = P(X = x)$ を**確率関数**とよぶ.

ここで, 確率分布の満たす性質を確認しておこう. $\Omega = \{x_1, x_2, \ldots, x_m\}$ を確率変数 X の取りうる値すべてからなる集合とする[※3]. なお, Ω の部分集合を**事象**とよぶ. まず, 確率というからには, その値は 0 と 1 の間になければならない, つまり,

$$0 \leqq p_i \leqq 1, \qquad i = 1, 2, \ldots, m$$

である. また, 事象 $\{X = x_i\}$ の確率をすべて足すと 1 でなければならない, つまり,

$$p_1 + p_2 + \cdots + p_m = 1$$

である. これは, 確率変数 X が Ω のうちのいずれかの値を取る (いつでも起こる) ということを意味しており, **全確率**とよぶ.

[※3] 考えうる結果をすべて集めた集合 Ω は**標本空間**や**全事象**とよばれる. 表 6.1 では, $\Omega = \{0, 1, 2, 3\}$ である. なお, Ω はギリシャ文字で「オメガ」と読む.

6.2 確率変数と確率分布　　*173*

さて，実用上はたとえば，コインを3枚投げたときの表の枚数が1以下である
という事象 $\{X \leqq 1\}$ の確率を知りたい場面がしばしばある．つまり，「表が一
枚も出ない $(X = 0)$」か「表が1枚だけ出た $(X = 1)$」ということであり，こ
れらは同時に起こりえないから，

$$P(X \leqq 1) = P(X = 0) + P(X = 1) = \frac{1}{2}$$

のように計算される．より一般に，Ω の事象 A, B に対して，A と B が同時に
起こりえない[※4]ならば，A または B が起こる確率は

$$P(A \text{ または } B) = P(A) + P(B)$$

とならなければならない．なお，この性質を用いると，A と B が同時に起こり
うるか否かにかかわらず

$$P(A \text{ または } B) \leqq P(A) + P(B)$$

が成り立つ[※5]．

最後に，確率変数 X と任意の実数 x に対して，事象 $\{X \leqq x\}$ の確率を**累積
分布関数**とよび

$$F(x) = P(X \leqq x)$$

と表す．表 6.1 でいえば，

$$F(x) = \begin{cases} 0, & x < 0 \\ \dfrac{1}{8}, & 0 \leqq x < 1 \\ \dfrac{4}{8}, & 1 \leqq x < 2 \\ \dfrac{7}{8}, & 2 \leqq x < 3 \\ 1, & x \geqq 3 \end{cases}$$

であり，グラフは図 6.2 のようになる．

[※4] $A \cap B$ が空集合ということであり，このとき A と B は**互いに排反**という．
[※5] ベン図を描いて「A または B」を互いに背反な事象に分割するとよい．

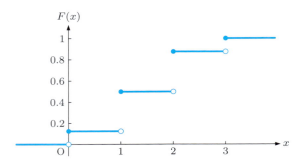

図 6.2 表 6.1 の確率分布の累積分布関数

(2) 連続型確率分布

身長や体重，あるいは電車の待ち時間のような，連続型確率変数では，表 6.1 のように確率分布を表すことはできない．これはたとえば，0 と 1 の間に無数の実数が存在することからもわかる．また，離散型確率分布では確率変数 X の取りうる値すべてに対して確率を割り当てることができたが，連続型確率変数が特定の値を取る確率 (たとえば $P(X = 0)$ など) は 0 である．そうでなければ，全確率が 1 を超えてしまい確率ではなくなってしまう．

特定の値に対する確率が計算できなかったとしても，ある学生の身長を測ったときに「身長が 160 cm 以上 175 cm 未満である」という事象に対して確率を計算したい．そこで，離散型確率分布における $P(X = x)$ に対応するものとして，実数 a, b $(a < b)$ に対して，

$$P(a \leqq X < b)$$

を考える．このとき，図 6.3 (左) のように，ある関数 $f(x)$ の区間 $[a, b]$ における面積が，$a \leqq x < b$ となる確率に対応する．実際，事象 A, B が同時に起こりえない場合，

$$P(A \text{ または } B) = P(A) + P(B)$$

となることは，離散型確率分布の場合と同様である．たとえば，図 6.3 (右) では，

$$P(-2 \leqq X < -1 \text{ または } X > 2) = P(-2 \leqq X < -1) + P(X > 2)$$

と計算できる．

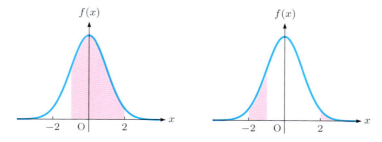

図 6.3 確率密度関数と確率. 図の赤い領域の面積が, 連続型確率変数がある区間に値を取る確率を表している.

関数 $f(x)$ は**確率密度関数**とよばれる非負の関数である. 関数の面積を確率と対応づけることから, a を負の無限大, b を正の無限大としたとき, その面積は 1 でなければならない. これは, 連続型確率変数 X が Ω (= 実数全体) に値を取る確率が全確率そのものであることからも理解できる. 確率変数 X が確率密度関数 $f(x)$ を持つとき, X は**連続型確率分布**に従うという. 誤解を恐れず大雑把にいうと, 直観的には「幅が 0 の」ヒストグラムが確率密度関数であり, したがって, $f(x)$ が確率関数と同じような役目を果たしている.

最後に, これも離散型確率分布と同様であるが, 事象 $\{X \leqq x\}$ の確率

$$F(x) = P(X \leqq x)$$

を**累積分布関数**とよぶ. 確率変数 X が図 6.3 の確率密度関数を持つ連続型確率分布に従う場合, その累積分布関数は図 6.4 のような連続関数となる.

一般に, 確率変数 X が離散あるいは連続型確率分布 P に従うとき $X \sim P$ と

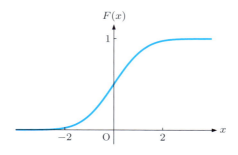

図 6.4 図 6.3 の確率密度関数を持つ確率分布の累積分布関数

176　第6章　統計的推測の基礎

表す．特に，具体的な分布がわかっている時には，6.3節のような分布ごとの記号を用いる．

(3)　同時分布，周辺分布，確率変数の独立性

　あらためて離散型確率変数を考えよう．ここでは，3枚のコインに加え，1つの公平なサイコロを同時に投げることを考える．確率変数 X は，表6.1で説明した確率変数であるとする．つまり，表が出たコインの枚数が X である．また，確率変数 Y はサイコロ投げの結果，1の目が出たら $Y=1$ であり，2または3の目が出たら $Y=2$，それ以外の目が出たら $Y=3$ であるような確率変数とする．つまり，

$$P(X=0) = \frac{1}{8}, \quad P(X=1) = \frac{3}{8}, \quad P(X=2) = \frac{3}{8}, \quad P(X=3) = \frac{1}{8}$$

$$P(Y=1) = \frac{1}{6}, \quad P(Y=2) = \frac{2}{6}, \quad P(Y=3) = \frac{3}{6}$$

である．このとき，$\{X=1$ かつ $Y=2\}$ であるような事象に確率を割り当てたいとしよう．いま，3枚のコインと1個のサイコロを同時に投げたとき，起こりうる結果は全部で $2^3 \times 6 = 48$ 通りである．どの結果が出る確率も同様に確からしいから，この48通りの組み合わせのうちの何通りが $X=1$ かつ $Y=2$ であるかを数え上げることで，表6.2のような**同時確率分布**が得られる[※6]．同時確率分布は単に**同時分布**ともよばれる．たとえば，$X=1$ かつ $Y=2$ である確率は

$$P(X=1, Y=2) = \frac{6}{48} = \frac{1}{8}$$

といった具合である．

　表の最下段は X の**周辺分布**を表している．周辺分布とは，特定の変数以外の確率変数の影響を取り除いたものである．たとえば，$X=0$ である確率のみに興味がある場合，$\{X=0$ かつ $Y=1\}, \{X=0$ かつ $Y=2\}, \{X=0$ かつ $Y=3\}$ は同時に起こりえないので，

$$P(X=0) = P(X=0, Y=1) + P(X=0, Y=2) + P(X=0, Y=3)$$

のように同時確率を Y に関して足し上げれば，X の周辺分布が得られる．同様に，Y の値を固定して，X に関して足し上げれば，Y の周辺分布が得られ，表

[※6] たとえば，$X=1$ かつ $Y=2$ となるのは，(表，裏，裏，2)，(裏，表，裏，2)，(裏，裏，表，2)，(表，裏，裏，3)，(裏，表，裏，3)，(裏，裏，表，3) の6通りである．

表 6.2 コイン 3 枚とサイコロ 1 つを投げて得られる結果と対応する確率. X は 3 枚の
コイン投げで表が出た枚数, Y はサイコロ投げの結果によって定めた値を取る.

| | | \multicolumn{4}{c}{X} | |
		0	1	2	3	計
	1	$\dfrac{1}{48}$	$\dfrac{3}{48}$	$\dfrac{3}{48}$	$\dfrac{1}{48}$	$\dfrac{1}{6}$
Y	2	$\dfrac{2}{48}$	$\dfrac{6}{48}$	$\dfrac{6}{48}$	$\dfrac{2}{48}$	$\dfrac{2}{6}$
	3	$\dfrac{3}{48}$	$\dfrac{9}{48}$	$\dfrac{9}{48}$	$\dfrac{3}{48}$	$\dfrac{3}{6}$
計		$\dfrac{1}{8}$	$\dfrac{3}{8}$	$\dfrac{3}{8}$	$\dfrac{1}{8}$	1

の一番右側の列のようになる.

さらに, 表 6.2 をじっと眺めると, X と Y が取りうるどの値に対しても

$$P(X = x, Y = y) = P(X = x)P(Y = y)$$

という関係が成り立っていることがわかる. このように, 同時分布が周辺分布
の積で表されるとき, X と Y は**独立**であるという. 日常的な表現でいえば, 3
枚のコインの表と裏の出方がサイコロの目の出方に何の影響も与えないという
ことである.

より一般に, (離散型とは限らない) 確率変数 X と Y が独立であるとは,

$$P(X \leqq x, Y \leqq y) = P(X \leqq x)P(Y \leqq y)$$

が任意の実数 x と y に対して成り立つことをいう. こうしておくと, 連続型確
率変数の同時分布や周辺分布, 独立性などを統一的に取り扱うことができる.

6.2.2 期待値と分散

表 6.1 のような確率分布は結果の起こりやすさを定量化したものであるが, 確
率変数の取りうる値が多い場合など, 分布の特徴を捉えることが難しいという
ことがしばしば起こる. そこで, もう少し要約された少ない情報で分布の特徴
を捉えることを考えよう. つまり, 確率変数がどの程度の値を取りやすいとか,
どれくらいばらついているかを定量化したいということである.

例として, 公平なサイコロを 1 度投げ, 出た目と同じ値を取る確率変数 X を

178   第6章 統計的推測の基礎

考える．つまり，
$$P(X=1) = P(X=2) = \cdots = P(X=6) = \frac{1}{6}$$
ということである．では，確率変数 X は「平均的に」どの程度の値を取るのだ
ろうか．いま，確率変数 X は「等確率で」1 から 6 までの値を取るので，
$$\frac{1}{6} \times 1 + \frac{1}{6} \times 2 + \cdots + \frac{1}{6} \times 6 = 3.5$$
程度であろうと期待できる．

　以上の考察から，確率関数が
$$P(X = x_i) = p_i, \qquad i = 1, 2, \ldots, m$$
で与えられる離散型確率分布に従う確率変数 X の**期待値**を
$$E[X] = x_1 p_1 + x_2 p_2 + \cdots + x_m p_m$$
で定義する．つまり，確率変数の取りうる値それぞれを，その出やすさ (確率)
で重み付けした「重み付き平均」である．直観的には分布の重心である確率変
数 X の期待値 $E[X]$ を**平均**ともよぶ．平均は分布を代表する定まった値である
から，表記を簡単にするために，μ と表す[※7]ことにしよう．

　平均が確率分布の重心を表すのに対し，**分散**は確率変数 X が平均 μ のまわり
にどの程度ばらつくかを測る尺度であり，
$$V[X] = E\big[(X - \mu)^2\big]$$
で定義される．期待値の中身 $(X - \mu)^2$ もまた確率変数であるから，分散は
$$V[X] = (x_1 - \mu)^2 p_1 + (x_2 - \mu)^2 p_2 + \cdots + (x_m - \mu)^2 p_m$$
で計算できる．直観的には，確率変数 X が平均 μ のまわりに集中していれば
分散は小さくなり，平均付近での確率が大きくなる．分散も分布を代表する定
まった値であるから，表記を簡単にするために，σ^2 と表す[※8]ことにしよう．

　たとえば，表 6.1 の確率分布に従う確率変数 X の期待値は
$$\mu = \frac{1}{8} \times 0 + \frac{3}{8} \times 1 + \frac{3}{8} \times 2 + \frac{1}{8} \times 3 = 1.5$$

[※7] μ はギリシャ文字で「ミュー」と読む．
[※8] σ はギリシャ文字で「シグマ」と読む．したがって，σ^2 は「シグマ 2 乗」や「シグマの 2 乗」
　　と読む．

である．これは，「3枚のコインを同時に投げる」という試行を何度も繰り返すと平均的に 1.5 枚が表であることを意味している．また，確率変数 X の分散は

$$\sigma^2 = (0 - 1.5)^2 \times \frac{1}{8} + (1 - 1.5)^2 \times \frac{3}{8}$$

$$+ (2 - 1.5)^2 \times \frac{3}{8} + (3 - 1.5)^2 \times \frac{1}{8} = 0.75$$

となる．

コイン投げで表が出た枚数やある日のテレビの販売台数などのように，確率変数の**実現値**が「枚」や「台」のような単位を持つ場合，分散の単位は元の単位の 2 乗となってしまい解釈がしにくい．そこで，分散の正の平方根 $\sqrt{\sigma^2} = \sigma$ を考え，元の単位に戻したものを**標準偏差**とよぶ．

確率変数 X から平均 μ を引いて，標準偏差 σ で割ったもの

$$Z = \frac{X - \mu}{\sigma}$$

は，平均 0，分散 1 の確率変数となる．このような操作を**基準化**や**標準化**とよぶ．基準化された確率変数はもはや単位を持たない．そのため，元のデータの単位が cm であれ m であれ，Z の値は変わらない．結果として，6.5 節や 6.6 節で説明する区間推定や検定は本質的に測定単位によらないものである．

連続型確率変数 X の平均や分散，標準偏差も同様に定義される．ただし，連続型確率分布では，確率密度関数の面積が確率であることから，$xf(x)$ のグラフと x 軸で囲まれた部分の面積が連続型確率変数の平均 $E[X]$ である．これは，離散型確率変数の期待値が「確率変数の取りうる値すべてを，それらの確率で重みづけたときの総和」であったことに対応するものである．同様に，$(x - \mu)^2 f(x)$ のグラフと x 軸で囲まれた部分の面積が分散 $V[X]$ である．

図 6.5 は 6.3.4 項で説明する**正規分布**の確率密度関数のグラフである．青の実線は平均 0，分散 1 の正規分布，赤の点線は平均 0，分散 4 の正規分布，オレンジの破線は平均 3，分散 1 の正規分布の確率密度関数を示している．平均が同じ青と赤の分布を見比べると，分散が小さな青の分布の方が，平均のまわりに集中している様子が見て取れる．また，分散は同じだが，平均が異なる青とオレンジの分布を見比べると，確率密度関数のピークが異なる場所にあることがわかる．

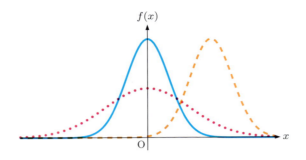

図 6.5 分散や平均が異なる正規分布の確率密度関数のグラフ

6.2.3 共分散と相関係数

表 6.2 のような同時分布が与えられた場合に，変数間の関連性によって分布の特徴を捉えることを考える．つまり，2 つの変数 X と Y の同時分布から 1 組の標本を抽出したときに，その散布図が右肩上がりなのか右肩下がりなのか，あるいは互いに無関係にデータがばらついているか，といったことを定量化したいということである．

確率変数 X の平均を μ_X，確率変数 Y の平均を μ_Y としよう．また，X と Y の分散をそれぞれ，$\sigma_X{}^2, \sigma_Y{}^2$ とする．このとき，やや天下り的ではあるが，X と Y の**共分散**を

$$\mathrm{Cov}[X, Y] = E[(X - \mu_X)(Y - \mu_Y)]$$

で定義する．共分散が正ならば，標本の散布図は右肩上がりになるし，負ならば右肩下がりになる傾向を持つ．離散型確率変数 X と Y が，それぞれ $x_1, x_2, \ldots, x_m$ および $y_1, y_2, \ldots, y_n$ に値を取り，

$$P(X = x_i, Y = y_j) = p_{ij}, \qquad i = 1, 2, \ldots, m, \quad j = 1, 2, \ldots, n$$

ならば，共分散は $(x_i - \mu_X)(y_j - \mu_Y)p_{ij}$ の総和である．

たとえば，表 6.2 の同時分布が与えられた場合，X の周辺分布は表 6.1 で与えられる確率分布なので $\mu_X = 1.5$ である．また，Y の周辺分布は，$P(Y = 1) = 1/6, P(Y = 2) = 2/6, P(Y = 3) = 3/6$ だから，

$$\mu_Y = \frac{1}{6} \times 1 + \frac{2}{6} \times 2 + \frac{3}{6} \times 3 = \frac{7}{3}$$

である．よって，X と Y の取りうる値に対して，$(x_i - \mu_X)(y_j - \mu_Y)$ の値は

6.2 確率変数と確率分布　　*181*

表 6.3　表 6.2 で与えられる X と Y の同時分布に対する，$(x_i - \mu_X)(y_j - \mu_Y)$ の値.

		X			
		0	1	2	3
	1	$\dfrac{12}{6}$	$\dfrac{4}{6}$	$-\dfrac{4}{6}$	$-\dfrac{12}{6}$
Y	2	$\dfrac{3}{6}$	$\dfrac{1}{6}$	$-\dfrac{1}{6}$	$-\dfrac{3}{6}$
	3	$-\dfrac{6}{6}$	$-\dfrac{2}{6}$	$\dfrac{2}{6}$	$\dfrac{6}{6}$

表 6.3 のようになるから，それぞれの値に対応する表 6.2 の確率をかけて足し上げると，X と Y の共分散は

$$
\begin{aligned}
\mathrm{Cov}[X, Y] = & \frac{12}{6} \times \frac{1}{48} + \frac{3}{6} \times \frac{2}{48} + \frac{-6}{6} \times \frac{3}{48} \\
& + \frac{4}{6} \times \frac{3}{48} + \frac{1}{6} \times \frac{6}{48} + \frac{-2}{6} \times \frac{9}{48} \\
& + \frac{-4}{6} \times \frac{3}{48} + \frac{-1}{6} \times \frac{6}{48} + \frac{2}{6} \times \frac{9}{48} \\
& + \frac{-12}{6} \times \frac{1}{48} + \frac{-3}{6} \times \frac{2}{48} + \frac{6}{6} \times \frac{3}{48} \\
= & \ 0
\end{aligned}
$$

となる．実は，確率変数 X と Y が独立であれば共分散は 0 である．

　共分散だけでも同時分布の特徴を捉えることができるが，同じ共分散でも散布図が大きく異なることがある．これは，それぞれの変数の分散の違いが影響しているためである．そこで，X と Y に対して，

$$
Z = \frac{X - \mu_X}{\sigma_X}, \qquad Z' = \frac{Y - \mu_Y}{\sigma_Y}
$$

と基準化した変数を考える．これらは分散が 1 なので，Z と Z' の共分散は元の変数の分散によらず，結果として基準化された変数の共分散が同じなら，散布図の見た目も同じになる．そこで，Z と Z' の共分散を，確率変数 X と Y の**相関係数**とよび，

$$
\mathrm{Cor}[X, Y] = \mathrm{Cov}[Z, Z']
$$

と表す．右辺は $\dfrac{\mathrm{Cov}[X, Y]}{\sigma_X \sigma_Y}$ と表すことができ，要するに，X と Y の共分散を，

182   第 6 章 統計的推測の基礎

それぞれの変数の標準偏差で割ったものが相関係数ということである．相関係数の分母は正の値なので，相関係数が正ならば，標本の散布図は右肩上がりになる傾向をもつといったことは共分散と同じである．確率変数 X と Y の相関係数が正 (あるいは負) ならば，X と Y は正 (あるいは負) の相関を持つといい，0 ならば無相関であるという．

6.2.4 確率変数の和の期待値と分散

表 6.1 では，3 枚のコインを同時に投げることを考えたが，今度は 1 枚のコインを続けて 3 回投げることを考えよう．つまり，1 回目のコイン投げの結果を確率変数 X_1，2 回目と 3 回目の結果を，それぞれ X_2, X_3 と表す．ただし，X_1 は 1 回目のコイン投げで表が出たら 1，裏が出たら 0 とする．また，各試行は独立，つまり，それぞれの回のコイン投げの結果は，他の回の結果に影響を受けないとする．このとき，$X = X_1 + X_2 + X_3$ は，3 回のコイン投げで表が出た回数を意味するので，X の確率分布は表 6.1 と全く同じものになると想像できるだろう．このように，確率変数の和の確率的な振る舞いに興味があることが多い．統計の言葉でいえば，サンプルサイズ 3 の標本が与えられたとき，その和に関して何らかの推測をしたいということである．

2 つの確率変数 X と Y が与えられたとき，$X + Y$ の期待値は，それぞれの変数の期待値 $E[X], E[X]$ の和で表されることが知られている．つまり，

$$E[X + Y] = E[X] + E[X] = \mu_X + \mu_Y$$

が成り立つ．特に，

$$E[2X] = E[X + X] = E[X] + E[X] = 2\mu_X$$

なども成り立つから，一般に任意の実数 a に対して

$$E[aX] = aE[X]$$

が成り立つ．これらを**期待値の線形性**とよぶ．期待値の線形性と，分散，共分散の定義を思い出すと，$X + Y$ の分散は

$$V[X + Y] = E\left[\{(X + Y) - (\mu_X + \mu_Y)\}^2\right]$$
$$= E\left[(X - \mu_X)^2 + (Y - \mu_Y)^2 + 2(X - \mu_X)(Y - \mu_Y)\right]$$
$$= V[X] + V[Y] + 2\mathrm{Cov}[X, Y]$$

となる．はじめの等号は分散の定義，2つ目の等号は $(X - \mu_X) + (Y - \mu_Y)$ の2乗の計算による．最後の等号は期待値の線形性と，分散，共分散の定義による．特に，「X と Y が無相関ならば」$\mathrm{Cov}[X,Y] = 0$ だから，もっと簡単に

$$V[X + Y] = V[X] + V[Y]$$

となる．さらに，任意の実数 a に対して

$$V[aX] = a^2 V[X]$$

が成り立つ．期待値の場合とは異なり，a^2 が分散の記号の前に現れることに注意する．

　確率変数が3つ以上の場合も同様の性質が成り立つ．つまり，n 個の確率変数 $X_1, X_2, \ldots, X_n$ に対して，期待値の線形性

$$E[X_1 + X_2 + \cdots + X_n] = E[X_1] + E[X_2] + \cdots + E[X_n]$$

が「常に」成り立つ．また，和の分散については，「$\mathrm{Cov}[X_i, X_j] = 0$ がすべての異なる i と j $(i, j = 1, 2, \ldots, n,\ i \neq j)$ について成り立てば」

$$V[X_1 + X_2 + \cdots + X_n] = V[X_1] + V[X_2] + \cdots + V[X_n]$$

となる．

　あらためて1枚の公平なコインを3回投げることを考える．それぞれの試行は独立に

$$P(X_i = 0) = P(X_i = 1) = \frac{1}{2}, \qquad i = 1, 2, 3$$

であるような確率分布に従うので，$i = 1, 2, 3$ に対して，

$$E[X_i] = 0 \times \frac{1}{2} + 1 \times \frac{1}{2} = 0.5,$$

$$V[X_i] = (0 - 0.5)^2 \times \frac{1}{2} + (1 - 0.5)^2 \times \frac{1}{2} = 0.25$$

である．よって，

$$E[X_1 + X_2 + X_3] = 0.5 + 0.5 + 0.5 = 1.5,$$

$$V[X_1 + X_2 + X_3] = 0.25 + 0.25 + 0.25 = 0.75$$

となり，6.2.2項で計算したものと同じ値となる．

184   第6章　統計的推測の基礎

6.3　確率分布の例

　解析目的や状況に応じて使い分けるために，さまざまな確率分布が知られている．そういったものすべてを列挙することは困難なため，本章では代表的なものの一部を紹介する．

6.3.1　一様分布

　公平なコインや，公平なサイコロのように，確率変数がどの値を取るのも同様に確からしい場合，その確率変数は**一様分布**に従うという．実際には，確率変数が離散型か連続型によって，**離散一様分布**と**連続一様分布**に分けられる．

(1)　離散一様分布

　離散型確率変数 X が $x_1, x_2, \ldots, x_m$ のいずれかの値を等確率で取る，つまり，確率関数が

$$f(x_i) = P(X = x_i) = \frac{1}{m}$$

で与えられる場合，この確率分布を離散一様分布とよぶ．離散一様分布の平均と分散はそれぞれ，

$$E[X] = \bar{x} = \frac{x_1 + x_2 + \cdots + x_m}{m},$$

$$V[X] = \frac{(x_1 - \bar{x})^2 + (x_2 - \bar{x})^2 + \cdots + (x_m - \bar{x})^2}{m}$$

である．特に，$m = 2$ で $x_1 = 0$，$x_2 = 1$ ならば公平なコイン，$m = 6$ で $x_1 = 1$，$x_2 = 2$，$x_3 = 3$，$x_4 = 4$，$x_5 = 5$，$x_6 = 6$ ならば公平なサイコロの確率モデルである．

(2)　連続一様分布

　a 以上 b 未満 $(a < b)$ の区間に値を取る連続型確率変数の確率密度関数が

$$f(x) = \frac{1}{b - a}$$

で与えられる場合，この確率分布をパラメータ a, b の連続一様分布とよぶ．確率変数 X がパラメータ a, b $(a < b)$ の一様分布に従うとき，$X \sim U(a, b)$ と表

す．また，平均と分散はそれぞれ，

$$E[X] = \frac{a+b}{2}, \qquad V[X] = \frac{(b-a)^2}{12}$$

となる．特に，$a=0$, $b=1$ の場合には，**標準一様分布**ともよばれる．

図 6.6 は，離散一様分布の確率関数と，連続一様分布の確率密度関数のグラフである．いずれの場合も，確率変数の出方が同様に確からしいことが直観的に見て取れる．

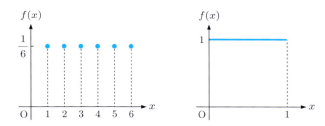

図 6.6 左：$m=6$ かつ $x_1=1$, $x_2=2$, $x_3=3$, $x_4=4$, $x_5=5$, $x_6=6$ の場合の離散一様分布の確率関数のグラフ．右：$a=0$, $b=1$ の場合の連続一様分布の確率密度関数のグラフ．

最後に，標準一様分布に関する重要な性質について簡単に述べておこう．簡単のため，確率変数 X が (一様分布とは限らない) ある連続型確率分布に従うとしよう．このとき，任意に与えられた 0 以上 1 以下の値 α に対して，

$$P(1 - F(X) \leqq \alpha) = \alpha$$

が成り立つ．ただし，F は確率変数 X の累積分布関数である．ここで，X が確率変数であることから $1 - F(X)$ もまた確率変数であることに注意する．このことは，$1 - F(X)$ が標準一様分布に従うことを意味している．この性質は，6.6 節で述べる**仮説検定**で重要な役割を果たす．

6.3.2 ベルヌーイ分布

ベルヌーイ分布は歪んだコイン投げなどの確率モデルである．2 つの値 0 と 1 をとる確率変数 X に対して，確率関数は

$$P(X=1) = p, \qquad P(X=0) = 1 - p$$

186 第6章 統計的推測の基礎

で与えられる. ただし, p は 0 以上 1 以下の値を取るパラメータである. 実用
上は, $X = 1$ の場合と $X = 0$ の場合をまとめて

$$P(X = x) = p^x(1-p)^{1-x}, \qquad x = 0, 1$$

と表すことが多い. 確率変数 X がパラメータ p のベルヌーイ分布に従うとき,
$X \sim Ber(p)$ と表す. ベルヌーイ分布の平均と分散はそれぞれ,

$$E[X] = p, \qquad V[X] = p(1-p)$$

である.

6.3.3 二項分布

0 以上 1 以下のパラメータ p を持つベルヌーイ分布に従う互いに独立な確率
変数 $X_1, X_2, \ldots, X_n \sim Ber(p)$ に対して,

$$X = X_1 + X_2 + \cdots + X_n$$

が従う確率分布を**二項分布**とよび, $X \sim Bi(n, p)$ と表す. 二項分布は, n 回の
コイン投げで表が出た回数の確率モデルであり, そのため, X は $0, 1, \ldots, n$ に
値を取る確率変数である. 二項分布の確率関数は

$$P(X = x) = {}_n\mathrm{C}_x\, p^x(1-p)^{n-x}, \qquad x = 0, 1, \ldots, n$$

で与えられる. ただし,

$$_n\mathrm{C}_x = \frac{n!}{x!(n-x)!} = \frac{n \times (n-1) \times \cdots \times (n-x+1)}{x \times (x-1) \times \cdots \times 1}$$

は**二項係数**である. さらに, 二項分布の平均と分散は

$$E[X] = np, \qquad V[X] = np(1-p)$$

となるが, これは期待値の線形性と, $X_1, X_2, \ldots, X_n$ の独立性からわかる.

6.3.4 正規分布

正規分布は連続型確率分布の中でも特に重要なものの 1 つである. 平均 μ, 分
散 σ^2 の正規分布は釣鐘型の確率密度関数を持つ確率分布であり, その確率密度
関数は

$$f(x) = \frac{1}{\sqrt{2\pi\sigma^2}} \exp\left\{-\frac{1}{2\sigma^2}(x-\mu)^2\right\}, \qquad -\infty < x < \infty$$

で与えられる[※9]. 確率変数 X が平均 μ, 分散 σ^2 の正規分布に従うとき, $X \sim N(\mu, \sigma^2)$ と表す. 特に, 平均 0, 分散 1 の正規分布は**標準正規分布**とよばれる. 図 6.5 (p.180) は正規分布のグラフである. 青の実線は標準正規分布 $N(0, 1)$, オレンジの破線と赤の点線はそれぞれ $N(3, 1)$ および $N(0, 4)$ の確率密度関数のグラフである. 青の実線と赤の点線を見比べてみると, 同じ平均を持つ正規分布の場合, 分散が大きいほどなだらかな曲線となることがわかる. また, 青の実線とオレンジの破線を見比べてみると, 同じ分散であっても, 平均が異なると分布のピークが異なることがわかる. 正規分布の場合, 平均と分散は

$$E[X] = \mu, \qquad V[X] = \sigma^2$$

である. ただし, 累積分布関数を高校までに習う関数を使って簡単に表すことはできない.

正規分布に関する性質を簡単にまとめておこう. まず, 平均 μ, 分散 σ^2 の正規分布は, $x = \mu$ に関して対称である. したがって, $P(X \geqq \mu + x) = P(X \leqq \mu - x)$ が成り立つ. 次に, $X \sim N(\mu, \sigma^2)$ ならば, 基準化した変数

$$Z = \frac{X - \mu}{\sigma}$$

は標準正規分布 $N(0, 1)$ に従うことが知られている.

また, 標準正規分布に従う確率変数 Z に対して,

$$P(|Z| \leqq 1.96) \approx 0.95, \qquad P(|Z| \leqq 2.58) \approx 0.99$$

となる. 言い換えれば, Z が -1.96 以上 1.96 以下の値を取る確率はおよそ 95 ％ ということである.

さらに, 確率変数 $X \sim N(\mu_X, \sigma_X{}^2)$ と $Y \sim N(\mu_Y, \sigma_Y{}^2)$ が独立ならば, 任意の実数 a, b に対して, $aX + bY$ は, 平均 $a\mu_X + b\mu_Y$, 分散 $a^2\sigma_X{}^2 + b^2\sigma_Y{}^2$ の正規分布に従う. つまり,

$$aX + bY \sim N(a\mu_X + b\mu_Y, a^2\sigma_X{}^2 + b^2\sigma_Y{}^2)$$

が成り立つ. この性質は正規分布の**再生性**とよばれる. たとえば, 正規分布

[※9] 実数 x に対して, $\exp(x) = e^x$ は指数関数を表す. $e = \exp(1) \approx 2.71$ はネイピア数とよばれる定数である. また, $\pi \approx 3.14$ は円周率である.

188 第 6 章 統計的推測の基礎

$N(\mu, \sigma^2)$ に従う n 個の独立な確率変数 $X_1, X_2, \ldots, X_n$ に対して,それらの平均

$$\bar{X} = \frac{X_1 + X_2 + \cdots + X_n}{n}$$

の期待値と分散はそれぞれ $E[\bar{X}] = \mu, V[\bar{X}] = \sigma^2/n$ である.したがって,$\bar{X}$ は正規分布 $N(\mu, \sigma^2/n)$ に従うことがわかる.なお,$X_1, X_2, \ldots, X_n$ が同じ平均 μ と分散 σ^2 を持てば,正規分布に限らず $E[\bar{X}] = \mu, V[\bar{X}] = \sigma^2/n$ が成り立つことに注意する.これらの性質は,6.5 節や 6.6 節で解説する統計的推定・検定で重要な役割を果たすものである.

6.3.5 多変量正規分布

これまで,1 つの確率変数に対する確率分布について説明したが,データの取り方によっては 1 つの調査対象 (個体) に対していくつかの変数に対する数値が同時に得られる場合もある.たとえば,健康診断では,身長だけ測ることはほとんどなく,体重や腹囲の測定も同時に行われる.また,多くの場合,直観的には背の低い人は軽いはずなので,身長と体重には正の相関があると考えられる.ところが,身長と体重の分布を個別に見るだけでは相関の情報は得られないため,身長と体重の同時分布が重要となる.

上記のような性質をとらえるための重要な同時分布の 1 つが**多変量正規分布**である.多変量正規分布は**多次元正規分布**ともよばれる.たとえば,変数が X_1 と X_2 の 2 つだけの場合,変数の数を明示的に表して,2 次元正規分布などともいう.2 つの確率変数 X, Y に対して,多変量正規分布は X の平均 μ_X と分散 $\sigma_X{}^2$,Y の平均 μ_Y と分散 $\sigma_Y{}^2$ に加え,X と Y の相関係数 $\rho = \mathrm{Cor}[X, Y]$ をパラメータに持つ確率分布である.2019 年度に行われた学校保健統計調査[10]によると,17 歳男性の身長 (X cm) と体重 (Y kg) の平均と標準偏差はそれぞれ $\mu_X = 170.62$, $\mu_Y = 62.44$, $\sigma_X = 5.87$, $\sigma_Y = 10.26$ であり,身長と体重の相関係数は $\rho = 0.41$ であった.図 6.7 は,上記の平均,標準偏差および相関係数を持つ 2 次元正規分布の確率密度関数とその等高線である[11].やや煩雑であるため,確率密度関数の具体的な関数形は省略するが,(μ_X, μ_Y) を中心とする楕

---

[10] データは総務省統計局が整備しているポータルサイト e-Stat からダウンロードできる.

[11] もちろん,実際の身長や体重が 2 次元正規分布に従うとは限らない.ただし,6.5.1 項で簡単に説明する中心極限定理より,これを身長や体重が従う分布とみなせば的外れではない.

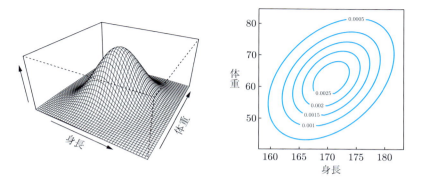

図 6.7 2次元正規分布の確率密度関数(左)とその等高線(右)のプロット

円型の分布であることがわかる．

2変量のデータに対する散布図の傾きが相関係数によって変化するように，多変量正規分布の等高線の傾きも相関係数によってコントロールされる．つまり，図6.7では$\rho > 0$であるため，身長が高いほど体重が重い傾向にあることがわかる．図6.8は相関係数ρの値によって2次元正規分布の等高線がどのように変化するかを示したものである．いずれの図も$\mu_X = \mu_Y = 0$, $\sigma_X^2 = 2$, $\sigma_Y^2 = 1$であり，左から順に$\rho = -0.8, 0, 0.8$の場合の等高線を表している．相関係数の値によって変化する楕円の傾きと散布図の関係が見て取れる．

多変量正規分布が持つ性質をいくつか紹介しよう．確率変数$X_1, X_2, \ldots, X_n$

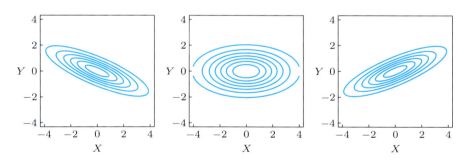

図 6.8 2次元正規分布の等高線．左から順に$\rho = -0.8, 0, 0.8$の場合

が平均 μ_i と分散 σ_i^2 $(i=1,2,\ldots,n)$ を持ち，それぞれの変数の相関係数が
$$\rho_{ij} = \mathrm{Cor}[X_i, X_j], \qquad i,j = 1,2,\ldots,n$$
であるような多変量正規分布に従うとする．このとき，相関係数の値によらず，X_i の周辺分布は平均 μ_i，分散 σ_i^2 の正規分布となる．たとえば，図 6.7 において，身長と体重はそれぞれ正規分布 $N(170.62, 5.87^2)$ および $N(62.44, 10.26^2)$ に従い，その確率密度関数は図 6.9 に示したとおりである．また，$\rho_{ij} = 0$ ならば，2 つの確率変数 X_i, X_j は独立である．言い換えれば，多変量正規分布に関しては，無相関であることと独立性が同じ意味を持つということである．一般には，2 つの確率変数が無相関であるからといって直ちに独立であるとはいえないため，この性質は多変量正規分布に特有のものである．図 6.8 の中央の図は無相関であるため，確率変数 X と Y は独立である．

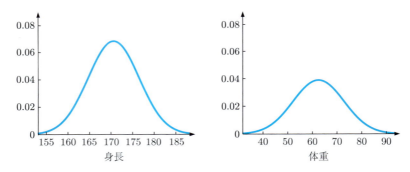

図 6.9 図 6.7 の多変量正規分布に対する身長と体重の周辺分布の確率密度関数

6.4 推定の基礎

推定とは興味のある量をデータから見積もることである．たとえば，10 回のコイン投げで 6 回表が出れば，表の出る確率は 6 割程度であろうと考えられる．しかしながら，たった 1 度の実験でコインの表が出る確率を 6 割だと判断するのは早計であろう．実際，あらためて同じコインを 10 回投げたとき，表が 3 回しか出ないこともあるだろう．そこで，なんらかの客観的な基準に基づいて 6 割という値の良し悪しを判断したい．あるいは，ぴったりと 6 割とはいわない

6.4 推定の基礎　　*191*

までも，5割から7割の間にあるというような大雑把な判断を下したい．前者は**点推定**とよばれ，母集団を代表するパラメータを1つの値に要約するための統計的推測の基本的な方法である．また，後者は**区間推定**とよばれ，6.5節であらためて解説する．

6.4.1 母集団と標本

6.1節で述べたように，データは母集団からサンプリングされた標本だったことを思い出そう．このとき，標本が偏っていては母集団の傾向を把握することはできない．たとえば，日本人全体の平均身長を調べたいときに，40代男性の身長のみを計測しても本来知りたい「日本人の平均身長」に関する知見が得られないことは容易に想像がつく．そのため，サンプリングは母集団からランダムに行うことが重要である．結果として，実際に観測される標本とは，母集団に値を取る確率変数の実現値であると考える．別の例としてコイン投げを考えよう．確率 p で表が出るコイン投げで表が出たら 1，そうでなければ 0 であるような確率変数を X とする．このとき，コインを投げて表が出れば，1 という値が確率変数 X の実現値であり，この値が実際に観測される量である．確率変数を X や Y のように大文字で表すのに対し，その実現値は小文字で x や y と表すことが多い．いまの場合，確率変数 X の実現値は $x = 1$ である．

繰り返すが，標本調査では母集団そのものを知ることは通常は不可能である．そこで，なんらかの確率的な法則によってデータが観測されると考える．このとき，母集団の要素が従う確率分布を**母集団分布**とよぶ．また，母集団分布の平均と分散はそれぞれ，**母平均**と**母分散**とよばれる．コイン投げの例でいえば，母集団分布はベルヌーイ分布 $Ber(p)$ であり，6.3.2項で述べたように，母平均と母分散は

$$E[X] = p, \qquad V[X] = E\big[(X - \mu)^2\big] = p(1 - p)$$

である．また，推定の対象となる未知パラメータは**母数**ともよばれる．たとえば，ベルヌーイ分布では p が，正規分布 $N(\mu, \sigma^2)$ では μ と σ^2 のいずれか，あるいはその両方が母数となる．標本から，母平均や母分散などの未知パラメータに関する知見を得ることが統計的推測の目標である．

192　　第 6 章　統計的推測の基礎

(1)　推定値と推定量

　母集団からサンプルサイズ n の標本 $x_1, x_2, \ldots, x_n$ が観測されたとする．つまり，$i = 1, 2, \ldots, n$ に対して，x_i は対応する確率変数 X_i の実現値であり，$X_1, X_2, \ldots, X_n$ は互いに独立に同じ母集団分布に従うとする[※12]．このとき，観測された標本から母集団分布の未知パラメータ θ を推定したい[※13]．これは，たとえば，正規分布 $N(\mu, \sigma^2)$ から未知パラメータ μ についてアタリを付けたいということを意味する．

　θ を標本で推定したとき，当然その値は標本 $x_1, x_2, \ldots, x_n$ に依存して定まるものである．そこで，この値を

$$\hat{\theta}(x_1, x_2, \ldots, x_n)$$

と表し**推定値**とよぶ[※14]．推定値は観測された標本から実際に得られる 1 つの値である．統計的推測では，母集団から観測されうる他の可能性も考慮して推定値の良し悪しを判断する．言い換えれば，実際に観測されたただ 1 つの標本だけからは推定値に関して何もいえないので，標本の背後にある確率変数としての量

$$\hat{\theta}(X_1, X_2, \ldots, X_n)$$

の確率分布の性質を調べることで推定値の妥当性を評価する．$\hat{\theta}(X_1, X_2, \ldots, X_n)$ は**推定量**とよばれ，確率変数 $X_1, X_2, \ldots, X_n$ によって定まるものだから推定量そのものも確率変数である．特に混乱が生じない場合，推定値も推定量も $\hat{\theta}$ と表すことが多い．標本によって未知パラメータを 1 つの値 $\hat{\theta}$ で推定するため，推定値を求めることを**点推定**とよぶ．

(2)　標本平均と標本分散

　母平均と母分散に対する代表的な推定値として，**標本平均**および**標本分散**について述べる．サンプルサイズ n の標本 $x_1, x_2, \ldots, x_n$ が得られたとき，その

[※12] 同じ母集団分布から互いに独立に標本を抽出することを**ランダムサンプリング**や**無作為抽出**とよぶ．また，標本 $x_1, x_2, \ldots, x_n$ の確率変数としての性質に興味がある場合，$X_1, X_2, \ldots, X_n$ を標本とよぶこともある．文脈によりどちらの意味で用いられているか注意されたい．

[※13] θ はギリシャ文字で「シータ」と読む．

[※14] 慣例として，未知パラメータ θ に対する推定値や推定量を $\hat{\theta}$ と表し「シータハット」と読む．

平均値
$$\bar{x} = \frac{x_1 + x_2 + \cdots + x_n}{n}$$
を標本平均とよぶ．標本平均は母平均 $\mu = E[X]$ の自然な推定値である．

次に，母分散が $E\left[(X-\mu)^2\right]$ であったことを思い出そう．外側の期待値は確率変数 $(X-\mu)^2$ に関するものだから，$(x_1-\mu)^2, (x_2-\mu)^2, \ldots, (x_n-\mu)^2$ の平均を取ればよさそうである．一方，μ は確率変数 X の平均だから，これは標本平均で推定できる．そこで，
$$s^2 = \frac{(x_1-\bar{x})^2 + (x_2-\bar{x})^2 + \cdots + (x_n-\bar{x})^2}{n}$$
を分散の推定値とし，これを標本分散とよぶ．どちらの推定値も，期待値に関する部分をデータによる平均で置き換えたものであるから，推定値として直観的にも理解しやすい．

図 6.10 は，標準正規分布に従う 100 個の乱数を発生させたときのヒストグラムを，標準正規分布の確率密度関数と共に示したものである．ここで，「母集団から n 個の乱数を発生させる」とは「サンプルサイズ n の標本を 1 組サンプリングする」ことを意味する．母集団が標準正規分布であることから，その母平均と母分散はそれぞれ $\mu = 0$, $\sigma^2 = 1$ である．一方，このサンプルサイズ 100 の標本の標本平均と標本分散はそれぞれ $\bar{x} = 0.09$, $s^2 = 0.82$ であった．このことからも，標本平均と標本分散でおおむね母平均と母分散を推定できていることがわかる．

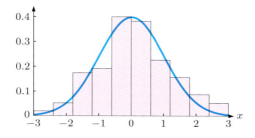

図 6.10 標準正規分布の確率密度関数 (実線) と，標準正規分布に従う 100 個の乱数のヒストグラム．

194   第 6 章　統計的推測の基礎

なお，標本平均と標本分散を，標本の背後にある確率変数で置き換えたもの

$$\bar{X} = \frac{X_1 + X_2 + \cdots + X_n}{n}$$

$$S^2 = \frac{(X_1 - \bar{X})^2 + (X_2 - \bar{X})^2 + \cdots + (X_n - \bar{X})^2}{n}$$

はそれぞれ，母平均と母分散の「推定量」である．特に混乱のない限り，これらも標本平均や標本分散とよばれるので，文脈により推定値と推定量のどちらを表しているかに注意すること．

6.4.2　不偏推定量

　図 6.10 で説明した標本平均の推定値 $\bar{x} = 0.09$ は母平均 $\mu = 0$ に対してどれほど妥当だろうか．当然ながら，推定値は 1 つの標本から要約されたものなのでこの値だけ見ても何もいえない．実際，図 6.10 で用いたものと別の乱数を発生させたところ，その標本平均は -0.11 であった．初めに計算した標本平均 0.09 と符号が違う上，母平均 0 からも離れてしまったが，だからといって標本平均が母平均の推定値として妥当ではないというわけではない．その根拠の 1 つが，標本平均は母平均の**不偏推定量**であるということである．一般に，未知パラメータ θ とその推定量 $\hat{\theta} = \hat{\theta}(X_1, X_2, \ldots, X_n)$ に対して，

$$E[\hat{\theta}] = \theta$$

が成り立つとき，$\hat{\theta}$ は θ に対して不偏であるという．直観的には，同じ母集団から何度標本をサンプリングしても，だいたい未知パラメータ θ と同じ値が得られることを意味している．不偏でない場合，$E[\hat{\theta}] - \theta$ だけ推定がずれているわけであるが，この量を推定の**偏り**あるいは**バイアス**とよぶ．バイアスは実際に知りたい値と，手元の標本から平均的に得られるであろう値との差を表すから，バイアスが小さいほど良い推定量であると考えられる．

　標本の背後にある確率変数 $X_1, X_2, \ldots, X_n$ が同じ母平均 μ を持つ場合，期待値の線形性から，

$$E[\bar{X}] = \frac{E[X_1] + E[X_2] + \cdots + E[X_n]}{n} = \mu$$

が成り立つので，標本平均 $\bar{X}$ は μ に対して不偏である．$E[\bar{X}] = \mu$ ということは，図 6.11 のように，「仮に」何度も標本を抽出できたとして，それぞれの標

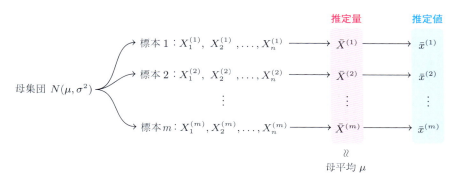

図 6.11 正規分布の母平均に対する不偏推定量のイメージ．m 個あるどの標本に対しても，その標本平均で母平均を近似できるため，その実現値もやはり母平均に近いことが期待される．

本に対する標本平均が母平均とおおむね近い値であることを表している．したがって，(実際には 1 度しか標本は観測できないものの) どのような標本が得られたとしても推定値としての標本平均もやはり母平均に近いことが期待されるというわけである．

一方，標本分散は母分散の不偏推定量ではない．詳細は割愛するが，母分散 $\sigma^2 = E[(X - E[X])^2]$ に対して，

$$E[S^2] = \frac{n-1}{n}\sigma^2$$

となることが知られている．つまり，標本分散 S^2 は母分散をやや過小に評価しているということであり，そのバイアスは $E[S^2] - \sigma^2 = -\sigma^2/n$ となる．あらためて期待値の線形性を用いれば，S^2 の代わりに

$$\frac{n}{n-1}S^2 = \frac{(X_1 - \bar{X})^2 + (X_2 - \bar{X})^2 + \cdots + (X_n - \bar{X})^2}{n-1}$$

が母分散の不偏推定量であり，これを**不偏分散**とよぶ．標本分散のときと同様，不偏分散の実現値もやはり不偏分散とよばれるので，確率変数なのかその実現値なのかは文脈により判断されたい．

図 6.12 は，標準正規分布から発生させた 10000 個のサンプルサイズ 10 の標本に対する母平均と母分散の推定値のヒストグラムである．標本平均は母平均の不偏推定量であるから，図 6.12 の左側のヒストグラムのように，10000 個の

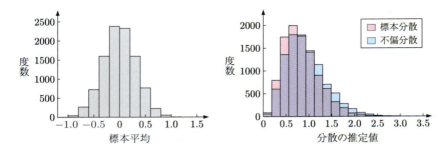

図 6.12 10000 個の標本に対して計算した標本平均のヒストグラム (左) と分散の推定値のヒストグラム (右). 右図で重ね書きされたヒストグラムのうち, 赤いものは標本分散に対応するヒストグラムであり, 青いものは不偏分散に対応するものである. 重なっている部分は紫色で示してある. また, それぞれの推定値は, 標準正規分布に従うサンプルサイズ 10 の標本から計算されたものである.

標本平均が母平均 0 のまわりに分布していることが見て取れる. なお, 10000 個の標本平均の平均は 0.0005 であり, 母平均に非常に近い値である. 一方, 図 6.12 の右側のヒストグラムにおいて, 赤と青のヒストグラムはそれぞれ標本分散と不偏分散のヒストグラムを示している. 標本分散のヒストグラムと比較すると, 不偏分散はやや大きな値をとることが多いことが見て取れる. これは標本分散が母分散を過小評価していることを反映している. 実際, 10000 個の標本分散の平均は 0.902, 不偏分散の平均は 1.002 であり, 不偏分散のほうがより母分散に近いところに分布していることがわかる.

6.4.3 大数の法則とモーメント法

6.3.4 項で述べたように, $X_1, X_2, \ldots, X_n$ が同じ母平均 μ と母分散 σ^2 を持てば, 標本平均の期待値と分散はそれぞれ

$$E[\bar{X}] = \mu, \qquad V[\bar{X}] = \frac{\sigma^2}{n}$$

となる. 1 つ目の式は標本平均が母平均に対して不偏であることを示しているため,「標本平均は母平均のまわりに分布する」ことを意味する. 一方, 分散のほうを見てみると, サンプルサイズ n が分母にあることから, サンプルサイズが大きいほど分散が小さくなることがわかる. 以上のことから,「サンプルサイズ

が大きいほど,標本平均は母平均のまわりに集中して分布する」ことが期待できる.言い換えれば,サンプルサイズが大きければ大きいほど,(多少ばらつきはあれども) 標本平均の実現値はより母平均に近いと考えられる.

(1) 大数の法則と一致推定量

図 6.13 は標準正規分布に従うサンプルサイズ 10 と 100 の標本に対する標本平均のヒストグラムを比較したものである.このヒストグラムは 10000 個の標本に基づいて得られたものであり,明らかにサンプルサイズが大きいほうが母平均 0 に近い値を多く取っていることがわかる.大雑把にいえば,サンプルサイズ n が無限大であれば標本平均の分散は 0 になり,標本平均と母平均は一致する.これを**大数の法則**とよび,このとき,標本平均は母平均の**一致推定量**であるという.推定量が一致性を持つとき,(多少のばらつきはあるものの) サンプルサイズが大きいほど標本平均の実現値はより母平均に近い値を取る.

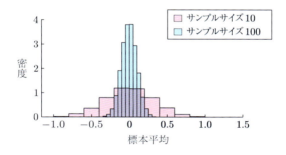

図 6.13 サンプルサイズ 10 と 100 の標本に対する標本平均のヒストグラム.ヒストグラムは 10000 個の標本に基づくものである.サンプルサイズが大きいほど母平均 0 のまわりに集中していることがわかる.

大数の法則の別の例として,コイン投げをあらためて考えよう.独立な確率変数 $X_1, X_2, \ldots, X_n \sim Ber(p)$ に対して,6.3.3 項で述べたことを思い出せば,その標本平均の期待値と分散は

$$E[\bar{X}] = p, \qquad V[\bar{X}] = \frac{p(1-p)}{n}$$

である.この場合も,標本平均はコイン投げで表が出る確率を表す未知パラメータ p の不偏推定量であり,サンプルサイズ n が無限大で分散が 0 になることか

198　第6章　統計的推測の基礎

ら，標本平均は一致推定量でもある．

　一方，すでに述べたように，標本分散 S^2 は母分散 σ^2 の不偏推定量ではない
ものの，一致推定量ではある．計算がやや煩雑なので詳細は省くが，母集団分
布が平均 μ，母分散 σ^2 の正規分布ならば，標本分散の期待値と分散はそれぞれ

$$E[S^2] = \frac{n-1}{n}\sigma^2, \qquad V[S^2] = \frac{2(n-1)}{n^2}\sigma^4$$

となる[※15]．推定量の一致性はサンプルサイズ n が無限大のときに現れる性質
である．そのため，サンプルサイズ n が無限大のときに標本分散 S^2 の期待値
が母分散 σ^2 になる[※16]ことと分散が 0 になることから，標本分散は母分散の一
致推定量である．

(2)　モーメント法

　より一般に，関数 g に関する期待値 $E[g(X)]$ を，標本に基づく平均

$$\hat{\theta} = \frac{g(X_1) + g(X_2) + \cdots + g(X_n)}{n}$$

で置き換えると自然な推定量が得られる．このように，単純に期待値をデータ
の平均で置き換えて推定量を作ることを**モーメント法**とよび，このときに得ら
れる推定量を**モーメント推定量**とよぶ．

　たとえば，標本平均は $g(x) = x$ の場合に対応するので母平均のモーメント推
定量である．一方，母分散に関しては

$$\sigma^2 = E[(X - E[X])^2] = E[X^2] - \{E[X]\}^2$$

とかけることから，$E[X^2]$ と $E[X]$ をそれぞれ，$(X_1^2 + X_2^2 + \cdots + X_n^2)/n$
および標本平均 $\bar{X}$ で置き換えて少し計算すると

$$\frac{X_1^2 + X_2^2 + \cdots + X_n^2}{n} - \bar{X}^2$$

$$= \frac{(X_1 - \bar{X})^2 + (X_2 - \bar{X})^2 + \cdots + (X_n - \bar{X})^2}{n}$$

が得られる．したがって，標本分散 S^2 は母分散のモーメント推定量である．
モーメント推定量は期待値を平均で置き換えただけの単純で自然な推定量では

[※15] 一般の母集団分布に対しては，尖度とよばれる，分布の尖り具合を測る量に依存して分散
$V[S^2]$ が決まる．
[※16] $E[S^2] = \sigma^2 - \sigma^2/n$ に注意すれば，第2項が n が無限大で 0 となることからわかる．

あるものの，適当な条件のもと，推定対象に対して一致性を持つことが知られている．

6.5 区間推定

6.4 節では，母平均や母分散に関する点推定について説明した．しかしながら，データのばらつきも考慮して母平均がどの程度の範囲にあるかを示したほうが都合が良いこともある．言い換えれば，推定の誤差がどの程度あるかを見積もりたいということである．このような状況で用いられるのが**区間推定**である．

母集団分布は母平均 μ，母分散 σ^2 の正規分布であるとする．独立な確率変数 $X_1, X_2, \ldots, X_n \sim N(\mu, \sigma^2)$ の実現値がサンプルサイズ n の標本として観測されたとして，母平均 μ の推定に興味があるとしよう．区間推定の雰囲気をつかんでもらうため，まずは母平均 σ^2 は既知であるとして話を進める．6.4 節で述べたように，母平均の推定値としては標本平均

$$\bar{X} = \frac{X_1 + X_2 + \cdots + X_n}{n}$$

を用いるのがよいと思われる．このとき，6.3.4 項で説明したことから，標本平均は平均 μ，分散 σ^2/n の正規分布 $N(\mu, \sigma^2/n)$ に従うことがわかる．したがって，標本平均を基準化した確率変数は標準正規分布に従い，

$$\frac{\bar{X} - \mu}{\sqrt{\sigma^2/n}} \sim N(0, 1) \tag{6.1}$$

となる．興味のある未知パラメータを含む確率変数が，（いまの場合，標準正規分布のように）未知パラメータを含まないよく知られた分布に従うことが重要な点である．このとき，6.3.4 項で説明した正規分布の性質をあらためて用いれば，たとえば 95 ％ の確率で不等式

$$\left| \frac{\bar{X} - \mu}{\sqrt{\sigma^2/n}} \right| \leq 1.96$$

が成り立つ．そこで，この不等式を書き換えて

$$\bar{X} - 1.96\sqrt{\frac{\sigma^2}{n}} \leq \mu \leq \bar{X} + 1.96\sqrt{\frac{\sigma^2}{n}} \tag{6.2}$$

とすれば，興味のある母平均を 95 ％ の確率で含む範囲を絞り込むことができ

200   第 6 章　統計的推測の基礎

る．いま，母分散は既知としているので，μ を含む区間の左辺と右辺には未知
パラメータが含まれないことも重要な点である．このようにして得られる区間
を，母平均 μ に関する**信頼水準 95 %**（または 0.95）の**区間推定量**あるいは **95 %**
信頼区間とよぶ．また，信頼区間の左辺と右辺を実現値で置き換えたものを**区**
間推定値とよぶ．標本平均などと同様ではあるが，区間推定値に対しても信頼
区間という用語を用いることがあるので，文脈に応じてどちらが使われている
かは適宜判断されたい．

　具体例をあげる前に母分散が未知の場合について考えよう．この場合，式
(6.2) の信頼区間の左辺と右辺は未知パラメータを含むので計算できない．その
ため，母分散を標本分散か不偏分散で代用したくなる．ところが，式 (6.1) で
基準化した標本平均の分母に現れる母分散を推定量で置き換えてしまうと，そ
の変数は標準正規分布に従わないため，上記のように信頼区間を構成できない．
とはいえ，6.4.3 項で述べたように，標本分散や不偏分散は少なくとも母分散の
一致推定量であり，したがって，サンプルサイズがそれなりに大きければ母分
散と近い値を取るはずである．そこで，厳密には成立しないけれども，少なく
とも近似的に成立するであろう

$$\bar{X} - 1.96\sqrt{\frac{S^2}{n}} \leqq \mu \leqq \bar{X} + 1.96\sqrt{\frac{S^2}{n}} \tag{6.3}$$

を母分散が未知である場合の母平均に対する 95 %信頼区間として採用すること
にする[17]．

　具体的な例で信頼区間を求めてみよう．ある温度で設定されたエアコンに対
して，室内温度 (℃) を 7 日間計測したところ

$$23.5, \quad 23.2, \quad 24.6, \quad 24.3, \quad 24.2, \quad 24.2, \quad 25.0$$

であったとする．サンプルサイズは $n = 7$ であり，7 日間の標本平均と標本分
散 (の推定値) はそれぞれ $\bar{x} = 24.14$，$s^2 = 0.33$ であった．このとき，

$$\bar{x} - 1.96\sqrt{\frac{s^2}{n}} = 23.71, \qquad \bar{x} + 1.96\sqrt{\frac{s^2}{n}} = 24.57$$

---

[17] 正規分布に従う標本において，母分散が未知の場合の厳密な理論の結果として t **分布**を用い
た信頼区間の構成法がある．非常に重要なものであるが，やや込み入った議論を要するため
割愛する．詳細は数理統計の教科書などを参照されたい．

である．よって，室内温度が正規分布に従うと仮定すれば，式 (6.3) で与えられる，室内温度の母平均 μ に対する 95％信頼区間の実現値は

$$23.71 \leqq \mu \leqq 24.57$$

となる．

6.5.1　母比率の区間推定

これまでは母集団が正規分布である場合の区間推定について説明したが，他の母集団ではどうしたらよいだろうか．標本の背後にある確率変数が正規分布に従わない場合，式 (6.1) のような性質はそもそも成り立たない．代わりに，式 (6.3) で母分散を標本分散で置き換えたように，ここでもサンプルサイズ n が十分大きな場合に近似的に成り立つような信頼区間の構成方法について説明する．

独立な確率変数 $X_1, X_2, \ldots, X_n$ がベルヌーイ分布 $Ber(p)$ に従うとする．このとき未知パラメータ p の区間推定を行いたい．未知パラメータ p はコイン投げで表が出る確率を表すから，母平均ではなく**母比率**とよばれる．このとき，6.4.3 項で述べたように，標本平均

$$\bar{X} = \frac{X_1 + X_2 + \cdots + X_n}{n}$$

で母比率を推定する場合，その期待値と分散はそれぞれ

$$E[\bar{X}] = p, \qquad V[\bar{X}] = \frac{p(1-p)}{n}$$

となる．さて，サンプルサイズ n が十分大きな場合[※18]，適当な条件のもと，標本平均を基準化した変数

$$\frac{\bar{X} - E[\bar{X}]}{\sqrt{V[\bar{X}]}} = \frac{\bar{X} - p}{\sqrt{p(1-p)/n}}$$

は近似的に標準正規分布に従うことが知られており，この性質を**中心極限定理**とよぶ．中心極限定理は母集団が正規分布ではなくても成立する[※19]ため，大数の法則と並んで，統計的推測では基本的なツールである．中心極限定理から式

[※18] 標本のばらつきの程度によっても，十分な近似を保証するためのサンプルサイズは異なる．また，文献によっても必要なサンプルサイズに関する言及はまちまちである．ここでは，大きければ大きいほど良いという理解で十分である．

[※19] より一般の分布に関しても，適当な条件のもと $\bar{X}$ を基準化したものが正規分布で近似できるというのが中心極限定理の主張である．

202 第 6 章 統計的推測の基礎

(6.1) のような関係が近似的に成り立つため，式 (6.2) の 95％信頼区間と同様の不等式

$$\bar{X} - 1.96\sqrt{\frac{p(1-p)}{n}} \leqq p \leqq \bar{X} + 1.96\sqrt{\frac{p(1-p)}{n}}$$

が得られる．式 (6.2) とは異なり不等式の左辺と右辺にも母比率 p が現れているが，標本平均 $\bar{X}$ が母比率の不偏推定量かつ一致推定量であることから，それらの p を $\bar{X}$ で置き換えることで，母比率に対する 95％信頼区間は

$$\bar{X} - 1.96\sqrt{\frac{\bar{X}(1-\bar{X})}{n}} \leqq p \leqq \bar{X} + 1.96\sqrt{\frac{\bar{X}(1-\bar{X})}{n}} \tag{6.4}$$

となる[※20]．

　たとえば，あたりくじ付きのアイスを 100 本購入したとしよう．あたりの割合 (母比率) はわからないものの，購入した 100 本のアイスのうち 25 本があたりだったとする．このとき，母比率 p の推定値は $\bar{x} = 25/100$ であるから，その 95％信頼区間は $0.17 \leqq p \leqq 0.33$ となる．ところで，$1.96\sqrt{\bar{x}(1-\bar{x})/n} \approx 0.085$ であるから，この信頼区間は母比率の推定値 25％ に対して ± 8.5％ 程度の誤差が見込まれるということも同時に意味している．ここでは，ベルヌーイ分布の母比率に関する信頼区間について説明したが，中心極限定理が成立する限り母平均あるいは母比率に関して同様の信頼区間を構成することができる．

6.5.2　信頼区間の解釈と信頼水準

　信頼区間およびその実現値の解釈について説明する．まず，信頼区間とは母平均 μ がその区間に含まれる確率というわけではない．これは，母平均は固定された未知パラメータであって確率変数ではないためである．標本による違いで変化する確率変数はあくまでも信頼区間の左辺と右辺であり，要するに主語が異なるのである．正しくは，信頼区間とは「標本から得られる区間」が母平均を含む確率である[※21]．したがって，95％信頼区間とは，いろいろな標本で

[※20] 母比率の 95％信頼区間の他の求め方として，不等式 $|(\bar{X} - p)/\sqrt{p(1-p)/n}| \leqq 1.96$ を p に関する 2 次不等式として解くことも考えられる．2 次不等式を解くだけなのでそれほど難しくはないが，不等式が煩雑になる上，そもそも中心極限定理を用いて得られる近似的な信頼区間なので式 (6.4) を用いた説明がなされることが多い．

[※21] ベイズ統計では未知パラメータも確率分布に従うようなモデルを考えるのでこの限りではないが，その場合は信頼区間ではなく信用区間という言葉が用いられる．

6.5 区間推定　203

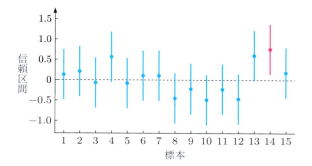

図 6.14　サンプルサイズ 10 の標本 15 個に対する信頼区間．標本は標準正規分布に従う乱数の実現値であり，黒の破線は母平均 0 を表している．点はそれぞれの標本における標本平均の点推定値を表しており，縦の実線が信頼区間である．赤で示した 14 番目の標本の信頼区間は母平均を含んでいない．

母平均に対する信頼区間の実現値を作ったときに，そのうちの 95％ が母平均を含んでいることを意味している．図 6.14 は，標準正規分布に従うサンプルサイズ 10 の標本をサンプリングしたときの，式 (6.2) で与えられる母平均に対する 95％信頼区間の実現値を示したものである．横軸は何番目の標本かを表しており，全部で 15 個の信頼区間がある．図の点はそれぞれの標本における標本平均であり，縦の実線が信頼区間である．14 番目の標本の信頼区間は母平均 0 を含んでいないため赤で示している．いまの場合，信頼区間が実際に母平均を含んでいる割合は $14/15 \approx 0.933$ である．

次に，サンプルサイズ n が大きくなるほど信頼区間の長さは短くなることを説明する．これはたとえば，上記の例では 100 本中 25 本があたりであったが，同じ 25％ でも 1000 本中 250 本あたりのほうが母比率はより精度良く推定できるということである．サンプルサイズが大きいほど精度が良いというのは，それだけ推定量の分散が小さいということであり，図 6.13 で説明したことに対応している．このことから，同じ信頼度ならば信頼区間は短いほうが良いと解釈できる．

これまで，信頼水準として 95％ を用いて説明したが，もちろん 95％ でなくてもよい．信頼区間が母平均を含むか否かに対して，誤った判断に対するリスクが

大きな臨床研究など，5％の間違いですら許されないような状況では99％信頼区間を用いることもあるだろうし，多少の間違いが許されるのであれば70％の信頼区間を作れば十分かもしれない．その場合，これまで用いてきた1.96の代わりに，図6.15の面積が所望の値になるような端点を用いればよい．つまり，標本平均を基準化した変数Zに対して，信頼水準$1-\alpha$の信頼区間を構成したければ

$$P(|Z| \leqq z) = 1 - \alpha$$

となるようにzを定めるということである．いくつかの代表的な信頼水準に対するzの値を示したものが表6.4である．たとえば，$\alpha = 0.05$ならば$z = 1.96$であり，結果として得られる信頼区間の信頼水準は95％となる．

ただし，信頼水準100％の信頼区間は無意味である．実際，母平均に対する信頼水準100％の信頼区間は負の無限大から正の無限大までということになる．このことは，母集団に含まれるすべての要素を観測できるわけではないので当然といえば当然であるが，データという有限の標本から母集団に関して確実なことはいえないということを反映している．

ところが，多少の誤りを許せば，サンプルサイズが有限のデータから背後の母集団に関する情報を確率的に評価することができる．このことが信頼区間を用いる利点の1つである．信頼水準の決め方に客観的なルールはなく，過去の経験やデータに基づいて選択されることになる．とはいえ，信頼水準が100％であるような確実なことに言及できない状況で，1％の誤差を許した程度で$z = 2.58$という有限の値でデータから母平均の推定ができるのは有用であろう．

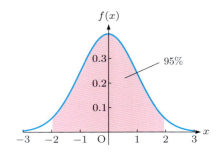

図 6.15 標準正規分布の確率密度関数$f(x)$．赤い領域は，標準正規分布に従う確率変数が-1.96から1.96までの区間に含まれる確率を表している．

6.6 仮説検定 **205**

表 6.4 異なる α に対する信頼水準 $(1 - \alpha) \times 100\,\%$ とそのときの z の値

α	0.01	0.05	0.1
信頼水準	99 %	95 %	90 %
z	2.58	1.96	1.64

ところで，信頼水準が大きいほど図 6.15 の面積は大きくなるため，それに伴い z の値も大きくなる．したがって，結果として，同じサンプルサイズであれば信頼水準が大きいほど信頼区間は長くなってしまう．しかしながら，信頼水準を 95 % から 99 % にしたとしても，相対的には $2.58/1.96 \approx 1.3$ 倍程度しか長くならないので，状況次第ではそれほど大きな損にはならないと考えられる．

6.6 仮説検定

信頼区間の構成と同様に，**仮説検定**もまた統計的推測で重要なものである．例として，6.5 節で用いたエアコンの温度に関するデータを用いよう．つまり，ある温度で設定されたエアコンに対して，室内温度を 7 日間計測したところ

$$23.5, \quad 23.2, \quad 24.6, \quad 24.3, \quad 24.2, \quad 24.2, \quad 25.0$$

であったとする．サンプルサイズは $n = 7$ であり，7 日間の標本平均と標本分散 (の推定値) はそれぞれ $\bar{x} = 24.14$, $s^2 = 0.33$ であった．空調の管理者はいつも 25 ℃ に設定しているというが，このことから，空調が正しく動作しているといえるだろうか．7 日間しか計測していないものの，標本平均が $\bar{x} = 24.14$ というのはやや低いようにも感じられるが，最終日には 25.0 ℃ が観測されていることもあり，たまたま温度が低かっただけかもしれない．そこで，実際に母平均が 25 ℃ か否かを客観的に判断したいとする．言い換えれば，空調の管理者のいう 25 ℃ に対して，エアコンの動作がおかしいかどうかを検証したいということである．

6.6.1 仮説検定の概念

エアコンの例でいうと，空調の管理者のいうエアコンの温度が 25 ℃ であるという主張を**帰無仮説**とよぶ．これは，母集団の言葉でいえば，背後の母集団の

206   第 6 章　統計的推測の基礎

平均 (母平均) μ が 25 ℃ ということであり，

$$H_0 : \mu = \mu_0 \ (= 25)$$

と表される．ここで，未知の母平均 μ に対して，定まった値という意味で μ_0 という記号を用いており，いまの場合 $\mu_0 = 25$ である．また，慣例に従って，帰無仮説の記号として H_0 を用いている．問題は母平均の推定値として標本平均を用いた場合に $|\bar{x} - \mu_0| = 0.86$ という値がどの程度大きいかである．もしこの値が偶然にしては大きすぎると判断された場合，設定温度が 25 ℃ にしては，エアコンの動作は正常ではない ($\mu \neq 25$) という結論が得られる．

ただ 1 つ観測された標本から得られた値 0.86 だけでは何もいえないので，これまでと同様に確率変数として $|\bar{X} - \mu_0|$ がどの程度大きな値になりうるかを確率的に評価しよう．つまり，帰無仮説が正しいという仮定のもとで，適当な値 c に対して $P(|\bar{X} - \mu_0| \geqq c)$ が小さな値を取るとき，実現値に対して $|\bar{x} - \mu_0| \geqq c$ となるならば，帰無仮説のもとでは得られづらいデータが得られたことになる．そこで，仮定においた帰無仮説が疑わしいと考え，帰無仮説を否定するのである．なお，帰無仮説を否定することを，帰無仮説を棄却するともいい，こちらのほうがよく用いられる．また，$|\bar{X} - \mu_0| \geqq c$ を満たすような確率変数 $X_1, X_2, \ldots, X_n$ のとる値の集合を**棄却域**とよぶ．ここまでをまとめると，標本平均の推定値が棄却域に含まれたときに，帰無仮説を棄却するようなしきい値 c を定めることが仮説検定の第一歩である．

では，どのようにしきい値 c を決定するとよいだろうか．それは誤った判断を下してしまうリスクをどの程度許容できるかによって決める．現時点では，エアコンの動作が正常か否か，つまり，帰無仮説が正しいか否かは不明であるから，本当は帰無仮説 H_0 が正しいのに間違って棄却することは避けたい．この誤りを**第一種の過誤**とよぶ．そこで，第一種の過誤確率が適当な α 以下になるようにしきい値 c を決めることにする．α は，たとえば 0.05 や 0.01 など，信頼区間における信頼水準のように状況や経験によって決められる値であり**有意水準**とよばれる．いまの場合，第一種の過誤確率とは，$\mu = \mu_0 \ (= 25)$ のもとで計算される確率 $P(|\bar{X} - \mu_0| \geqq c)$ であるから，

$$P(|\bar{X} - \mu_0| \geqq c) \leqq \alpha$$

6.6 仮説検定 207

となるようにしきい値 c を決めようということである．具体的なしきい値の求め方はあとで説明するが，このようにして決められた c を**棄却点**とよび，この値を用いて帰無仮説を棄却するか否かを判断する方法を有意水準 α (あるいは $100 \times \alpha$ ％) の検定という．このように定められた棄却点 c を用いた場合に，標本平均の推定値が棄却域に含まれれば，有意水準 α で帰無仮説を棄却するという．

(1)　検定の解釈

棄却点 c の具体的な決め方と実験の結果については次節以降で説明するが，有意水準 5 ％ で検定を行った場合の結果の解釈について述べる．第一種の過誤確率は帰無仮説のもとでの母集団分布に基づいて評価されたものである．そのため，帰無仮説が正しい場合，いろいろな標本で計算した標本平均が棄却域に入る割合はおおむね全体の 5 ％ 程度となることが期待される．この点は信頼水準 95 ％ の信頼区間を構成したときに，5 ％ 程度の標本に基づく信頼区間が母平均を含まないことと同様の解釈である．このことから，信頼区間と検定には密接な関係があることが示唆される．一方，帰無仮説が誤っている場合には，できるだけ帰無仮説を棄却できることが望ましい．そのため，このような状況では，多くの標本が棄却域に含まれることが期待される．帰無仮説が誤っているときの確率については何も言及していないので，どの程度の標本が棄却域に含まれるかはわからないものの，その割合が多ければ多いほど良いということは直観的にも理解できよう．

(2)　帰無仮説が棄却されない場合の注意

帰無仮説が棄却できない場合，積極的に帰無仮説が正しいと判断してよいだろうか．答えは否である．これは，棄却点 c の定め方が帰無仮説のみに基づいて決定されることに由来している．つまり，検定では帰無仮説が正しいと思って棄却点 c を定めるわけだが，帰無仮説が誤っている場合には何も言及していない．たとえば，あたりが出やすいといわれているくじを引いたとしよう．くじの総数に対してあたる確率が 50 ％ 以上という仮説が帰無仮説である．このとき，くじを 100 本引いて 53 本あたりが出た場合，本当に半分以上のくじがあたりかもしれないが，たまたまあたりが多く出ただけで，本当はあたりくじが半

208 第 6 章 統計的推測の基礎

分以下であるような可能性も否定できないのである．結果として，帰無仮説を積極的に支持するための根拠が薄いため，帰無仮説に関する主張は保留される．

6.6.2 平均の検定

本節で述べる検定の行い方は信頼区間の構成とほぼ同様である．そのため，まず母集団分布が正規分布の場合に母平均を検定する方法を初めに説明し，その後で母比率に関する検定について述べる．

(1) 正規分布の母平均の検定

正規分布に従う独立な確率変数 $X_1, X_2, \ldots, X_n \sim N(\mu, \sigma^2)$ を考える．ここでもまずは検定の事始めとして母分散 σ^2 は既知であるとする．このとき，母平均に関する帰無仮説として

$$H_0 : \mu = \mu_0$$

を検定したいとしよう．これまでと同様，母平均の推定量としては標本平均

$$\bar{X} = \frac{X_1 + X_2 + \cdots + X_n}{n}$$

を用いるのが妥当であろう．仮に帰無仮説が正しいとすれば，$X_1, X_2, \ldots, X_n \sim N(\mu_0, \sigma^2)$ であるため，標本平均を基準化した変数は標準正規分布に従い，

$$\frac{\bar{X} - \mu_0}{\sqrt{\sigma^2/n}} \sim N(0, 1)$$

となる．このとき，

$$P\left(\left| \frac{\bar{X} - \mu_0}{\sqrt{\sigma^2/n}} \right| \geqq c \right) \leqq \alpha$$

であるためには，図 6.16 の赤い領域の面積が α 以下になるように棄却点 c を求めればよい．たとえば，有意水準を $\alpha = 0.05$ とした場合，$c \geqq 1.96$ であればどの棄却点 c を用いても有意水準 5 ％ で検定できることになるが，通常は等号が成立する $c = 1.96$ とする．このとき，第一種の過誤確率も α と等しくなる．これは，直観的には次のことを反映している．つまり，もし帰無仮説が誤っている場合に正しく帰無仮説を棄却しようとすると，棄却域が狭いと帰無仮説を棄却しづらいためである．そのため，同じ有意水準であれば，棄却域はできるだけ広くなるように棄却点を決定するのである．このことは，同じ信頼水準で信

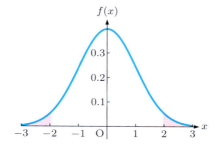

図 6.16 標準正規分布の確率密度関数 $f(x)$. 赤い領域の定義域が棄却域であり，標準正規分布に従う確率変数が -1.96 から 1.96 までの区間に含まれない確率を表している．

頼区間を構成するならば，短いほうがよいという考え方に対応している．実際，図 6.16 の白い領域の面積が確率 $1-\alpha$ である．

以上のことから，たとえば，有意水準 5％の棄却域は

$$\left|\frac{\bar{X}-\mu_0}{\sqrt{\sigma^2/n}}\right| \geqq 1.96 \quad \text{あるいは} \quad |\bar{X}-\mu_0| \geqq 1.96\sqrt{\frac{\sigma^2}{n}}$$

であり，標本平均の推定値がこの不等式を満たした場合に有意水準 5％で帰無仮説を棄却する．検定結果を判断するために用いる未知パラメータを含まない量を**検定統計量**とよぶ．いまの場合，分散は既知であるから $(\bar{X}-\mu_0)/\sqrt{\sigma^2/n}$ や $\bar{X}-\mu_0$ および，これらの絶対値が検定統計量として利用できる．なお，2つ目の不等式を見てみると，サンプルサイズが大きいほど棄却域の右辺は小さくなり，結果として棄却域は広くなることがわかる．これも信頼区間がサンプルサイズとともに短くなることと同様である．また，分散が未知の場合は，母分散 σ^2 をその推定量で置き換えることも信頼区間の場合と同様である．つまり，母分散の一致推定量を用いることで，サンプルサイズ n が十分大きな場合に近似的に有意水準 α の検定を行う[22]．

あらためてエアコンの例で有意水準 5％の検定を行ってみよう．帰無仮説 $\mu=25$ のもと，室内温度は独立に平均 25 の正規分布に従うとする．いまの場合，$|\bar{x}-\mu_0|=0.86$ であり，これを棄却域の右辺の値と比較するのである．サ

---

[22] 信頼区間の場合にも述べたが，母集団が母分散未知の正規分布の場合には，t 分布を利用して（近似ではなく）厳密に棄却点を定めることができる．

210 第6章 統計的推測の基礎

ンプルサイズと標本分散はそれぞれ $n = 7$, $s^2 = 0.33$ であるから,

$$1.96\sqrt{\frac{0.33}{7}} \approx 0.43$$

である. したがって, 標本平均は棄却域に含まれるので有意水準5%で帰無仮説は棄却され, エアコンの設定温度は25℃ではないと判断される.

いろいろなサンプルサイズと帰無仮説に対する検定結果を比較したものが表6.5である. 母集団として分散既知の正規分布 $N(\mu, 1)$ を用い, 各設定で10000個の標本を発生させた. 表中の数値は, 帰無仮説 $H_0 : \mu = 0 \ (= \mu_0)$ に対して, それぞれの標本で有意水準5%の検定を行った際の棄却割合を示している. たとえば, $\mu = 0.5$, $n = 50$ ならば, 表の数値は0.943であるから, 10000回のうち94.3%で帰無仮説が棄却されたことを表している. 有意水準5%の検定であるため, 1行目にある $\mu = 0$ の場合は帰無仮説が正しい. そのため, 理論的には, どのサンプルサイズに対しても棄却割合が5%程度となるが, 実際におおむね5%程度の帰無仮説が棄却されている.

一方, $\mu \neq 0$ の場合は帰無仮説が誤っている場合であるため, できるだけ多くの帰無仮説が棄却されることが望ましい. 帰無仮説が誤っている場合, $(\bar{X} - \mu_0)/\sqrt{\sigma^2/n}$ は標準正規分布ではなく, 平均 $(\mu - \mu_0)/\sqrt{\sigma^2/n}$, 分散1の正規分布に従うため, 母平均 μ が大きいほど標準正規分布から離れてしまう. そのため, 同じサンプルサイズであれば μ が大きいほど正しく帰無仮説を棄却

表6.5 いろいろなサンプルサイズ n と母平均 μ を用いた際の帰無仮説 $H_0 : \mu = 0$ の棄却割合. 母集団は $N(\mu, 1)$ であり, 表の数値は10000個の標本のうち, 有意水準5%で帰無仮説が棄却された割合を示している. $\mu = 0$ は帰無仮説が正しい場合であり, 残りは帰無仮説が誤っている.

		n				
		10	50	100	150	200
	0	0.051	0.047	0.050	0.050	0.049
	0.1	0.060	0.114	0.170	0.241	0.299
μ	0.3	0.160	0.557	0.847	0.957	0.989
	0.5	0.358	0.943	0.998	1.000	1.000
	1	0.887	1.000	1.000	1.000	1.000

6.6 仮説検定　*211*

できていることがわかる．母平均が大きいほど棄却しやすいというのは，直観的にも理にかなった結果であろう．さらに，サンプルサイズが大きいほど棄却域が広くなることはすでに述べたが，結果として同じ母平均であれば，サンプルサイズが大きくなるにつれ正しく帰無仮説を棄却できていることが見て取れる．

(2)　母比率の検定

母集団が正規分布でない場合，中心極限定理を用いて近似的に成立する信頼区間を構成した場合と同じようにして母比率に関する検定を行うことができる．具体例として，コインを何度も投げたときに，このコインが公平なものか否かを判断したいとしよう．つまり，独立な確率変数 $X_1, X_2, \ldots, X_n \sim Ber(p)$ の実現値が観測されたときに，帰無仮説

$$H_0 : p = p_0 \ (= 0.5)$$

を検定する．帰無仮説が正しい場合，標本平均 $\bar{X}$ の期待値と分散はそれぞれ

$$E\left[\bar{X}\right] = p_0, \qquad V\left[\bar{X}\right] = \frac{p_0(1 - p_0)}{n}$$

となる．したがって，中心極限定理によれば，標本平均を基準化した変数

$$\frac{\bar{X} - p_0}{\sqrt{p_0(1 - p_0)/n}}$$

は，n が十分に大きければ近似的に標準正規分布に従う．あとは正規分布の母平均の場合と同様に，有意水準 5 % の検定を行いたければ，棄却域

$$\left| \frac{\bar{X} - p_0}{\sqrt{p_0(1 - p_0)/n}} \right| \geqq 1.96$$

に標本平均の実現値が含まれれば帰無仮説は誤っていると判断し $p \neq 0.5$ である，つまり，コインは不公平であると結論すればよい．そうでなければコインは不公平なものであるとはいえないと結論づける．

たとえば，100 回のコイン投げで 43 回表が出たとすれば，$\bar{x} = 0.43$ であるため，帰無仮説 $p_0 = 0.5$ のもとでの検定統計量の実現値は

$$\left| \frac{0.43 - 0.5}{\sqrt{0.5 \times (1 - 0.5)/100}} \right| = 1.40$$

であるため，帰無仮説は棄却されない．

212   第 6 章　統計的推測の基礎

6.6.3　*P*-値

　P-値とよばれる量を用いることで，棄却点を求めなくてもほとんど同値な方法で検定を行うことができる．大雑把にいえば，*P*-値とは検定統計量がその実現値よりも極端な値を取る確率である．

　検定統計量を T としたとき，

$$P(T \geqq c)$$

があらかじめ定めた有意水準 α 以下になるように棄却点 c を決めた．一方，棄却点 c を検定統計量の実現値 t で置き換えたときの確率

$$P(T \geqq t)$$

が *P*-値である．たとえば，前節のコイン投げの例でいえば，帰無仮説 $p_0 = 0.5$ のもとでの検定統計量 $T = |(\bar{X} - p_0)/\sqrt{p_0(1 - p_0)/n}|$ に対して，その実現値は $t = 1.40$ であり，*P*-値は

$$P(T \geqq t) = 0.162$$

となる[※23]．

　図 6.16 からも想像できるように，もし検定統計量の実現値 t が棄却点 c 以上であれば，

$$P(T \geq t) \leq P(T \geq c)$$

が成り立つから，第一種の過誤確率が有意水準 α 以下であれば *P*-値も α 以下となる．一方，*P*-値が α 以下ならば，当然棄却点 c は t 以下になるはずだから，検定統計量は $T \geqq c$ を満たす．以上をまとめると，有意水準 α をあらかじめ定めたときに，「$t \geqq c$ ならば帰無仮説を棄却する」ことと，「*P*-値が α 以下ならば帰無仮説を棄却する」ことは同じ意味である．

　P-値を用いる場合の利点は，あらかじめ有意水準を定める必要がないことである．たとえば，エアコンの例では，帰無仮説 $\mu_0 = 25$ のもとでの検定統計量 $T = |(\bar{X} - \mu_0)/\sqrt{\sigma^2/n}|$ に対して，その実現値は $t = 3.96$ であり，*P*-値は

$$P(T \geqq t) = 7.47 \times 10^{-5}$$

[※23] 正確には，コイン投げにおける例は中心極限定理に基づくものなので，この *P*-値は近似的なものであることに注意する．

である. すでに確認したように, この例では有意水準 5 ％ で帰無仮説を棄却できたわけだが, それどころか有意水準 1 ％ でも棄却できる. そのため, 単に帰無仮説を棄却できたか否かだけを報告するよりも P-値を記したほうが情報が多いといえる.

6.6.4 両側検定と片側検定

これまでは, 母平均 (あるいは母比率) に対する帰無仮説 $H_0 : \mu = \mu_0$ の検定について説明した. 結果として, 帰無仮説が棄却されると適当な有意水準で $\mu \neq \mu_0$ が結論づけられた. ところで, エアコンの例でいえば, 設定温度が 25 ℃ ではないということではなく, 25 ℃ よりも低いと主張するほうが状況を改善するためには適切かもしれない. つまり, $\mu < \mu_0 (= 25)$ であるといいたいわけである. これまでのように, $\mu \neq \mu_0$, つまり, 検定の結果, 帰無仮説が棄却され「$\mu < \mu_0$ または $\mu > \mu_0$ である」ことを主張する検定を**両側検定**という. 一方, エアコンの設定温度は 25 ℃ よりも低いというように, 検定の結果, 帰無仮説が棄却され「$\mu < \mu_0$ である」ことや「$\mu > \mu_0$ である」ことを主張する検定を**片側検定**という.

6.1 節で述べたような検定の考え方にのっとれば, この主張の正しさを判断するためには, 標本平均 $\bar{x} = 24.14$ に対して, $\bar{x} - \mu_0 = -0.86$ がどの程度小さいかを見積もればよいと思われる. 言い換えれば, 適当に定めた値 c に対して,

$$\bar{x} - \mu_0 \leqq c$$

ならば, 設定温度は 25 ℃ よりも低いと主張したい. $\mu < \mu_0 (= 25)$ であることを主張したいわけだから, ここでの帰無仮説は $H_0 : \mu \geqq \mu_0 (= 25)$ である. よって, 帰無仮説が正しいにもかかわらず, 誤って棄却してしまう確率 (第一種の過誤確率)

$$P(\bar{X} - \mu_0 \leqq c)$$

が適当な有意水準 α 以下になるように棄却点 c を定めればよい. 帰無仮説が 1 点だけではなく $\mu \geqq \mu_0$ という区間になっている点がこれまでとは異なる. しかしながら, 詳細は省くが, 実際にはこれまでと同様に帰無仮説として $\mu = \mu_0$ の場合だけを考えて検定を構築すればよいことが知られている.

母集団が正規分布でない場合や，正規分布であったとしても母分散が未知の場合にはこれまでと同様に中心極限定理を用いたり，母分散をその一致推定量で置き換えればよいので，ここでは母分散が既知の正規分布 $N(\mu, \sigma^2)$ であるとして話を進める．これまでと同様，標本平均を基準化した確率変数は標準正規分布に従うので，$T = (\bar{X} - \mu_0)/\sqrt{\sigma^2/n}$ を検定統計量として，

$$T \leqq c \tag{6.5}$$

となる確率があらかじめ定めた有意水準以下になるように棄却点を定めればよい．たとえば，有意水準 5％で検定を行う場合，図 6.17 の赤い領域の面積が 0.05 になるような点は $c = -1.64$ である．したがって，このようにして定めた棄却点に対して，標本平均の実現値が上の不等式を満たしたときに帰無仮説を棄却する．エアコンの例では，検定統計量の実現値が $(24.14 - 25)/\sqrt{0.33/7} = -3.96$ であることから，有意水準 5％で帰無仮説は棄却され，エアコンの設定温度は 25℃より小さいといえる．

片側検定でも前節と同様に P-値が定義される．ただし，いまの場合，式 (6.5) において棄却点 c を検定統計量の実現値 t で置き換えた確率がどの程度小さいかに興味があるから，

$$P(T \leqq t)$$

がこの検定の P-値である．両側検定の場合の P-値と同じ用語を使うと誤解が生じかねないので，両側検定の P-値は**両側 P-値**とよんで区別する．また，こ

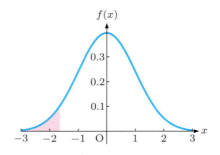

図 6.17 標準正規分布の確率密度関数 $f(x)$．赤い領域の定義域が帰無仮説 $H_0 : \mu \geqq \mu_0$ に対する棄却域であり，標準正規分布に従う確率変数が -1.64 以下の区間に含まれる確率を表している．

の片側検定の P-値は検定統計量がその実現値よりも小さいことを表す確率だから，**下側 P-値**とよばれる．エアコンの例でいえば下側 P-値は 3.73×10^{-5} となる．結果として，両側検定のときと同じように，この片側検定では有意水準 1% でも帰無仮説は棄却されることがわかる．

帰無仮説が $H_0 : \mu \leqq \mu_0$ の場合も同様に検定を行うことができる．ただし，この場合は式 (6.5) ではなく，(もちろん帰無仮説のもとで) $T \geqq c$ となる確率が有意水準以下になるように c を定める．たとえば，有意水準 5% で検定を行う場合 $c = 1.64$ であり，検定統計量そのものは変わらない．エアコンの例では，検定統計量の実現値は $t = -3.96$ であり $t \geqq 1.64$ が成り立たないため帰無仮説 $H_0 : \mu \leqq 25$ は保留される．また，これまでと同じ理由で，このときの P-値は $P(T \geqq t)$ であり，**上側 P-値**とよんで区別される．再びエアコンの例を用いると，上側 P-値はほぼ 1.00 となる[24]．

6.6.5　いろいろな検定方式

これまで母平均や母比率の検定を通して，検定の考え方や用語について説明した．とはいうものの，現実的には母平均の検定だけでなく，いろいろな問題に対して検定を行いたいという状況が生じる．ここでは，いくつかの検定問題に対する手法を簡単に紹介する．以下はやや高度な内容を含むため，詳細についてはそれぞれの専門書などを参考にされたい．

(1)　2 標本問題

ある試験を行ったときに 2 つのグループで得点に差があるかといったことや，新薬を開発したが従来のものよりも効果があるか検証したいというような，2 つの母集団に関する統計的推測は **2 標本問題**とよばれる．たとえば，異なるグループから 2 組の標本 $X_1, X_2, \ldots, X_n \sim F_X$ および $Y_1, Y_2, \ldots, Y_m \sim F_Y$ が得られたとする．ここで，F_X と F_Y はそれぞれのグループの母集団分布である．

このとき，たとえば，これまでと同様に F_X と F_Y の母平均 μ_X と μ_Y に関して $\mu_X = \mu_Y$ か否かを検定することが考えられる．この仮説を検証するために

---

[24] 小数点以下 3 桁目で四捨五入したため上側 P-値はほぼ 1.00 と書いたが，正確には 0.9999627 程度の値となる．

216   第6章　統計的推測の基礎

は，それぞれのグループの標本平均 $\bar{X}$ と $\bar{Y}$ の差 $\bar{X} - \bar{Y}$ がどの程度大きいかを適当な有意水準で見積もればよいだろう．仮に $\bar{X}$ と $\bar{Y}$ が独立で，2つの母集団 F_X と F_Y がそれぞれ正規分布 $N(\mu_X, \sigma_X{}^2), N(\mu_Y, \sigma_Y{}^2)$ である場合，正規分布の性質を用いれば，

$$\bar{X} - \bar{Y} \sim N\left(\mu_X - \mu_Y, \frac{\sigma_X{}^2}{n} + \frac{\sigma_Y{}^2}{m}\right)$$

であるから，帰無仮説 $\mu_X = \mu_Y$ のもとでは，$\bar{X} - \bar{Y}$ を基準化した変数は標準正規分布に従い

$$\frac{\bar{X} - \bar{Y}}{\sqrt{\sigma_X{}^2/n + \sigma_Y{}^2/m}} \sim N(0, 1)$$

となる．母分散 $\sigma_X{}^2, \sigma_Y{}^2$ が既知であれば前節までと同様に検定を行うことができる．一方，分散が未知である場合は分母に現れる $\sigma_X{}^2/n + \sigma_Y{}^2/m$ を適当な推定量で置き換えた上で，**t 分布**とよばれる確率分布を用いて検定を行うわけである．なお，t 分布に基づく検定は **t 検定**とよばれる．特に，2 標本問題で t 検定を行う場合，**2 標本 t 検定**ともいう．実際には，母分散が等しいといえるか否かで問題の難易度が変わり，特に分散が異なる場合には**ウェルチ近似**とよばれる方法を用いて近似的に検定を行う．なお，正規分布のような特定の分布の未知パラメータに関する検定を**パラメトリック検定**という．

　また，正規分布が仮定できない場合であっても，**マン = ホイットニーの U 検定**や**ウィルコクソンの順位和検定**を用いて2つの母集団に関する検定を行うことができる．これらの検定は，母集団のパラメータではなく，分布そのものに対して検定を行うため**ノンパラメトリック検定**という．どちらの検定も実質的に同じであるが，発想としては，仮に2組の標本が同じ母集団から発生していた場合標本の出方に違いはないだろう，ということである．言い換えれば，$X \sim F_X, Y \sim F_Y$ に対して，

$$P(X > Y) = \frac{1}{2}$$

が帰無仮説であり，データからこの等式が成り立たないと判断された場合，どちらかの群では大きな値が出やすいことがわかる．

　さらに，別のノンパラメトリック検定の例として，帰無仮説 $F_X = F_Y$ を考えることで，母集団分布が等しいか否かをより直接的に検定することも考えら

れる. 具体的にはそれぞれの母集団の累積分布関数の推定量を用いて比較するのであるが, このような検定で代表的なものとして**コルモゴロフ=スミルノフ検定**や**アンダーソン=ダーリング検定**があげられる.

(2)　適合度検定と独立性検定

日本人の血液型は A 型, B 型, O 型, AB 型の順に 4 : 2 : 3 : 1 の比率で分布しているといわれる. この仮説を検証するために, 100 人の血液型を調査した結果, 表 6.6 が得られたとしよう. 観測度数が実際に観測された人数であり, 帰無仮説は $H_0 : p_A = 0.4$, $p_B = 0.2$, $p_O = 0.3$, $p_{AB} = 0.1$ である. ここで, p_A や p_B はそれぞれの血液型の比率を表している. 仮説が正しければ, 理論的にはそれぞれの血液型で 40 人, 20 人, 30 人, 10 人が観測されるはずである. これまでと違うのはある血液型の比率を 1 つだけ考えるのではなく, 4 種類の血液型を同時に考えることにある. とはいえ, 検定に対する考え方は同じであり, 観測度数と期待数の差が大きければ帰無仮説は疑わしいとするのである. 詳細は省くが, 観測度数と期待度数の差の 2 乗を期待度数で割ったものの和が検定統計量となる. いまの場合, 検定統計量の実現値

$$\frac{(49-40)^2}{40} + \frac{(23-20)^2}{20} + \frac{(24-30)^2}{30} + \frac{(4-10)^2}{10} = 7.275$$

が, 偶然にしては大きすぎるか否かを既知の確率分布を用いて評価する. この問題は, 観測した度数分布と理論的な分布の当てはまり具合を検定することから**適合度検定**とよばれ, **カイ二乗分布**という確率分布を用いて検定することができる.

表 6.6　日本人 100 人の血液型の調査結果

血液型	A	B	O	AB	計
観測度数	49	23	24	4	100
期待度数	40	20	30	10	100

別の例として, 心筋梗塞とその予防薬であるアスピリンに関して表 6.7 が得られたとしよう. このデータは, 脳卒中の患者 1360 人をアスピリン治療とプラセ

218   第 6 章　統計的推測の基礎

表 6.7　心筋梗塞とアスピリンの関係.

	心筋梗塞 はい	心筋梗塞 いいえ	計
プラセボ	28	656	684
アスピリン	18	658	676
計	46	1314	1360

ボ治療[25]に無作為に割り当てたものである．表中の数値は，およそ 3 年間の追跡期間中に心筋梗塞で死亡した人数を示している．たとえば，左上の 28 という数値は，プラセボ治療を割り当てられた患者が心筋梗塞で死亡した人数である．

　ここでの興味は，治療の種類と心筋梗塞で死亡することに関係があるか否かである．確率の言葉でいえば，関連しているか否かは独立であるかどうかという表現ができるであろう．たとえば，もし

$$P(アスピリンを処方され死亡) = P(アスピリンを処方)P(死亡)$$

という関係が成り立つことがわかれば，アスピリン治療と心筋梗塞での死亡には関連がないことがいえる．同様の独立性が治療の種類と死亡したか否かの 4 通りすべての組合せで成立すれば，治療の種類と心筋梗塞で死亡することは無関係であると結論できる．

　このように，いくつかの要因について集計された表を**クロス集計表**という．特に，いまの場合 2 行 2 列のクロス集計表なので 2 × 2 のクロス集計表とよぶ．クロス集計表を用いて要因間の独立性を検定する問題を**独立性検定**とよび，適合度検定と同様にカイ二乗分布が用いられる．一般に，カイ二乗分布を用いた検定は**カイ二乗検定**とよばれ，ここであげた 2 つ以外にも，正規分布の分散の検定などにも利用される．なお，独立性の検定は**フィッシャーの正確確率検定**という方法でも行うことができる．実際には，カイ二乗検定が検定統計量の従う分布を連続型の確率分布 (カイ二乗分布) で近似するのに対し，フィッシャーの正確確率検定は近似を行わずに，**超幾何分布**という離散的な確率分布を用いて厳密に検定を行う．

---

[25] プラセボとは治療効果のない薬のことであり，偽薬ともいう．

(3) 多重検定

2標本問題は2つの母集団に関する検定であったが，帰無仮説の設定の仕方によってはいくつかの検定を繰り返さなければならないこともある．たとえば，血圧降下に関する3つの薬 A, B, C があり，A が新薬で残りの2つは既存のものだとする．投薬後の血圧の降下の程度に関する母平均が順に μ_A, μ_B, μ_C であったとして，新薬で血圧が降下することが望ましいとする．したがって，新薬の有効性をいうためには「$\mu_A < \mu_B$」であることと，「$\mu_A < \mu_C$」であることを検証しなければならない．言い換えれば，2つの帰無仮説 $H_{01} : \mu_A \geqq \mu_B$，$H_{02} : \mu_A \geqq \mu_C$ を検定したい．ここでの問題は，それぞれの帰無仮説を有意水準 α で検定してよいかということである．実際には，検定を繰り返すことで全体の過誤確率が大きくなることが知られており，これを**多重性の問題**という．ここで，全体の過誤とは，帰無仮説 H_{01} と H_{02} のどちらも正しい場合に，誤って少なくとも1つを棄却してしまうことである．こういった多重性の問題を解消して，全体の過誤確率をあらかじめ定めた有意水準以下にコントロールする方法を**多重検定**あるいは**多重比較**とよぶ．

直観的には，帰無仮説の真偽の組み合わせが

(1) H_{01} は正しくて H_{02} も正しい

(2) H_{01} は正しくて H_{02} は間違い

(3) H_{01} は間違いで H_{02} は正しい

(4) H_{01} は間違いで H_{02} も間違い

の4通りあることに多重性の問題の原因がある．実際，H_{01} を検定する場合には，上記の (1) と (2) の状況であるから，H_{02} の真偽について特に気にしていないのである．これは H_{02} を検定する場合も同様であり，この場合は H_{01} の真偽については問うていない．結果として，(1) のもとで誤って少なくとも1つの帰無仮説を棄却してしまう過誤確率は

$$P(H_{01}または H_{02}を棄却) \leqq P(H_{01}を棄却) + P(H_{02}を棄却)$$

となってしまう[※26]．左辺が全体の過誤確率であり，これをあらかじめ定めた有意水準以下にしたい．また，右辺の第1項は H_{01} の検定に関する過誤確率であり，第

[※26] 一般に，2つの事象 A, B に対して $P(A または B) \leqq P(A) + P(B)$ が成り立つ．

220 第6章 統計的推測の基礎

2項は H_{02} に関するものである. すると, それぞれの検定を有意水準 α で行ってしまうと, 全体の過誤確率が 2α 以下となり, うまくコントロールできていないことがわかる. ではどうすれば全体の過誤確率をコントロールできるだろうか. 非常に素朴な発想として, それぞれの検定の有意水準を $\alpha/2$ とすればよい. たとえば, 全体の過誤確率を 5% にコントロールしたければ, それぞれの検定の有意水準を 2.5% にするのである. このように, 最終的な有意水準を検定の数で割ってそれぞれの検定に対する有意水準を補正する方法を**ボンフェローニ補正**という. 当然ながら, 最終的な有意水準を検定の数で割ることから, 1つ1つの検定は棄却されづらくなってしまう. 極端な例として, 全ゲノム相関解析では標準的に数10万から数100万もの検定を繰り返さなければならない. そのため, 仮に10万個の検定を行うとすれば 5×10^{-7} という非常に小さな有意水準でそれぞれの検定を行わなければならない. これは, それぞれの検定の P-値が 5×10^{-7} よりも小さくなければいけないことを意味しており, それほど多くの帰無仮説が棄却されるとは考えにくい.

ボンフェローニ補正を改善して全体の過誤確率をコントロールするための方法として**ホルム法**などさまざまなものが提案されているが, どのような方法を用いるにせよ, 検定の数が多ければそれだけ個々の検定の有意水準を小さくしなければならないことに変わりはない. 近年では, 多重性を調整するため, 全体の過誤確率の代わりに**偽発見率**をコントロールする方法も利用される. 偽発見率は検定で棄却されたものの中で, 誤って帰無仮説を棄却してしまったものの割合の期待値として定義されるものである. 検定の数が非常に多かったとしても, 全体の過誤確率をコントロールするよりも帰無仮説を棄却しやすいため, 場合によっては偽発見率のほうが好まれることもある.

6.7 回帰モデル

おもりの重さに応じてバネがどの程度伸びるかや, ある商品の売り上げが広告費と開発費によってどの程度変わりうるのかというように, 2つ以上の変数間の関係を記述したいときに利用されるものを**回帰モデル**という. 大雑把にいえば, 回帰モデルとは入力 (たとえば, バネにつり下げるおもりの重さ) x に対して出力 (たとえば, 重さ x のおもりをつり下げたときにバネが伸びた長さ) y が

どのような値を取るかを見積もるための方法である．言い換えれば，背後に入出力関係を記述する関数 $y = f(x)$ があると考えたときに，データからこの関数 f を推定することが回帰モデルの目標である．なお，出力 y を知ることが解析の目的であるから，y を**目的変数**という．また，入力 x は出力 y を説明するために用いられるものであるから**説明変数**という[27]．本節では回帰モデルの中で特に基本的な**線形回帰モデル**とその統計的推測について説明する．

6.7.1 線形回帰モデル

(1) 単回帰モデル

図 6.18 は腎機能に関する研究で得られたデータの散布図を示している．$n = 157$ 人の健康なドナー候補に対して，年齢とともに腎機能の総合的な数値が測定されたものである．腎機能が低下していると，実際に腎臓の移植を行う場合に問題が生じるため，年齢によって腎機能がどれほど低下するか知りたいとしよう．散布図を眺めてみると，図の赤色の直線のように，年齢とともに腎機能は直線的に減少しそうである．そこで，年齢 x を説明変数，腎機能の測定値 y を目的変数とする回帰モデルとして，背後には

$$y = a + bx$$

という直線があると考える．この直線を**回帰直線**ともいう．ここで，回帰直線の切片項 a と**回帰係数** b が未知パラメータであり，これらの値をデータから推定することで年齢に応じてどの程度腎機能が変化するかがわかる．このモデルは未知パラメータに関する 1 次式で表されているため**線形回帰モデル**とよばれる．あるいは，説明変数が 1 つしかない線形回帰モデルであるため**単回帰モデル**という．

上記のように表される直線を推定したいわけであるが，当然すべての点を通る 1 本の直線を求めることは通常不可能である．実際，同じ 24 歳のドナー候補者であったとしても，腎機能の測定値は 3.92 や −0.66 などいろいろな値をとっている．つまり，i 番目のドナー候補者の年齢と腎機能の測定値をそれぞれ

---

[27] 文脈や専門の違いで，目的変数は応答変数や従属変数，被説明変数などともよばれる．また，説明変数は独立変数や外生変数，共変量などともよばれる．

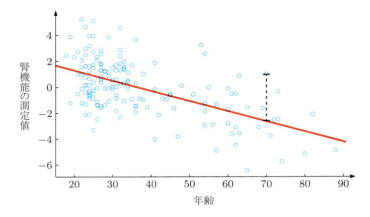

図 6.18 腎機能に関するデータの散布図．157 人のドナー候補に対して，年齢とともに腎機能の総合的な数値が測定されている．赤い直線は回帰直線であり，$x = 70$ における破線は測定値と回帰直線との誤差を表している．

x_i, y_i としたとき，モデルに対して

$$\varepsilon_i = y_i - (a + bx_i) \tag{6.6}$$

だけ誤差が生じているのである．図 6.18 では年齢 $x = 70$ の患者に対する誤差を破線で示している．当然誤差は小さいほうがよいわけだが，$n = 157$ 人の測定値があるので，すべてのドナー候補に対して同時に誤差を小さくする a と b を求めることはできない．代わりに，誤差の 2 乗和

$$\varepsilon_1^2 + \varepsilon_2^2 + \cdots + \varepsilon_n^2$$
$$= \{y_1 - (a + bx_1)\}^2 + \{y_2 - (a + bx_2)\}^2 + \cdots + \{y_n - (a + bx_n)\}^2$$

が最小になるように未知パラメータ a, b を推定しよう．誤差の 2 乗和が最小となるように回帰係数を推定する方法を**最小二乗法**という[※28]．詳細は省くが，回帰係数の推定値は

$$\hat{a} = \bar{y} - \hat{b}\bar{x}, \qquad \hat{b} = \frac{s_{xy}}{s_x^2}$$

[※28] 2 乗和ではなく絶対値の和 $|y_1 - (a + bx_1)| + |y_2 - (a + bx_2)| + \cdots + |y_n - (a + bx_n)|$ を最小にすることで全体の誤差を小さくすることも考えられる．このようにして回帰係数を推定する方法を**最小絶対偏差法**という．

で与えられる.ここで,$\bar{x}$ と $\bar{y}$ はそれぞれ説明変数および目的変数の標本平均,s_x^2 は説明変数の標本分散であり,s_{xy} は説明変数と目的変数の共分散

$$s_{xy} = \frac{(x_1 - \bar{x})(y_1 - \bar{y}) + (x_2 - \bar{x})(y_2 - \bar{y}) + \cdots + (x_n - \bar{x})(y_n - \bar{y})}{n}$$

である.

腎機能のデータに対して,最小二乗法で推定された回帰係数の推定値は $\hat{a} = 2.86$,$\hat{b} = -0.08$ であった.このことから,推定された回帰直線は

$$\hat{y} = 2.86 - 0.08x$$

となる.x は年齢を表す変数であったから,年齢が 1 歳上がると腎機能の測定値が 0.08 小さくなることが見込まれるということである.

推定された回帰直線と実際の観測値にも当然誤差がある.たとえば,$x = 70$ のドナー候補者の腎機能の数値は $y = 1.01$ であるものの,推定された回帰直線上の点は $\hat{y} = -2.74$ である.推定された回帰直線と観測値との誤差は他のドナー候補者に対しても計算でき,$\hat{y}_i = \hat{a} + \hat{b}x_i$ を予測値,

$$e_i = y_i - \hat{y}_i$$

を**残差**という.

(2) 単回帰モデルの統計モデル

単回帰モデルでは,観測値ごとに式 (6.6) の誤差が生じるため,少し見方を変えるとドナー候補者ごとの腎機能の測定値は

$$y_i = a + bx_i + \varepsilon_i$$

のように,回帰直線に対して加法的な誤差を伴って観測されるとも考えられる.誤差は観測できないが確率的に変動するものと考えてみよう.言い換えれば,i 番目のドナー候補者に対する誤差 ε_i は確率変数であるということである.すると,同じ年齢のドナー候補者ごとに腎機能の測定値がばらつく.たとえば,図 6.19 は 24 歳のドナー候補者と 25 歳のドナー候補者の腎機能の測定値のヒストグラムを表したものである.

さて,ε_i を誤差とよぶからには平均的には 0 であってほしい.その気持ちを込めて $E[\varepsilon_i] = 0$ であると考えるのは妥当であろう.一方,分散はどの程度大きいかわからないため,パラメータを用いて $V[\varepsilon_i] = \sigma^2$ であるとしよう.も

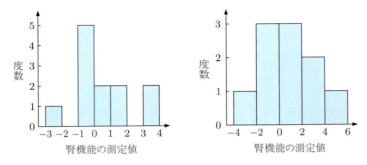

図 6.19 24歳のドナー候補者12名に対する腎機能の測定値(左)と25歳のドナー候補者10名に対する腎機能の測定値(右)のヒストグラム.

ちろん，年齢ごとに分散が異なる可能性はあるが，ここでは話を簡単にするために同じであるとする．特に，簡単のため，誤差が独立に正規分布 $N(0, \sigma^2)$ に従うとしよう．このとき，腎機能の測定値もまた正規分布に従う確率変数であり，$y_i \sim N(a+bx_i, \sigma^2)$ となる．詳細は省くが，**最尤法**（さいゆうほう）[※29]とよばれる方法で回帰係数を推定すると，その推定値 $\hat{a}, \hat{b}$ は最小二乗法で得られるものと一致する．つまり，最小二乗法とは，誤差に正規分布を仮定した最尤法といえる．

ところで，最小二乗法では現れなかったパラメータ σ^2 がまだ残っているわけだが，これは残差を用いて推定することができる．誤差の期待値が0なので $V[\varepsilon_i] = E[\varepsilon_i^2]$ であることに注意すると，モーメント法と同様の発想で

$$\hat{\sigma}^2 = \frac{e_1^2 + e_2^2 + \cdots + e_n^2}{n}$$
$$= \frac{\{y_1 - (\hat{a}+\hat{b}x_1)\}^2 + \{y_2 - (\hat{a}+\hat{b}x_2)\}^2 + \cdots + \{y_n - (\hat{a}+\hat{b}x_n)\}^2}{n}$$

を用いればよいだろう．ただし，この値を推定量としてみた場合，6.4.2項で説明した母分散の推定量と同様に，σ^2 に対して一致性は持つものの不偏ではない．σ^2 の不偏推定量は

$$\frac{n}{n-2}\hat{\sigma}^2 = \frac{e_1^2 + e_2^2 + \cdots + e_n^2}{n-2}$$

となることが知られている．分散の推定は回帰係数の検定や信頼区間を構成す

[※29] 大雑把に言えば，**尤度**（ゆうど）という量を最大化する方法である．尤度は標本が観測される際の尤（もっと）もらしさを表しており，統計的推測において非常に重要な概念である．

る際に重要となる.

(3) 重回帰モデル

腎機能のデータでは説明変数は 1 つだけだったが，複数の説明変数を用いて目的変数を予測する場合を考えよう．図 6.20 は $n = 13$ 個の製品の売上と，そのための広告費および開発費の散布図を表している．いずれの測定値も単位は万円である．ここでの目的は，広告費と開発費から売上を説明するためのモデルを作ることである．つまり，売上を目的変数 y として，広告費 x_1 と開発費 x_2 を説明変数とする回帰モデルを考える．散布図の 1 番上の行を見ると，広告費や開発費の増加とともに売上も直線的に増加しているように見えるため，ここでも線形回帰モデル

$$y = a + bx_1 + cx_2$$

を考える．今度は説明変数が 2 つあるため**重回帰モデル**とよばれる．未知パラメータは a, b, c の 3 つである．

単回帰モデルの場合と同様に，i 番目の製品の売上を y_i，広告費と開発費をそれぞれ x_{i1}, x_{i2} として，誤差

$$\varepsilon_i = y_i - (a + bx_{i1} + cx_{i2})$$

の 2 乗和 $\varepsilon_1{}^2 + \varepsilon_2{}^2 + \cdots + \varepsilon_n{}^2$ が最小になるように切片項 a と回帰係数 b, c を推定する．式が煩雑になるので省略するが，製品の売上に関するデータに対し

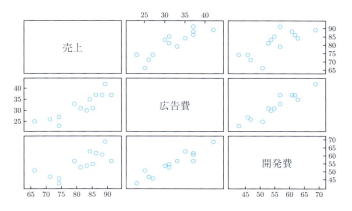

図 6.20 ある製品の売上と，そのための広告費および開発費の散布図．

226　第 6 章　統計的推測の基礎

て最小二乗法でパラメータを推定したところ $\hat{a} = 53.30$, $\hat{b} = 1.99$, $\hat{c} = -0.65$
となった．したがって，推定した回帰モデルは

$$\hat{y} = 53.30 + 1.99x_1 - 0.65x_2$$

である．結果として，たとえば広告費が $x_1 = 39$ 万円，開発費が $x_2 = 69$ 万円
であれば，およそ $\hat{y} = 86$ 万円ほどの売上が見込める計算となる．

　前節と同様に，誤差が独立に正規分布 $N(0, \sigma^2)$ に従う統計モデルを考えた場
合に最尤法を用いると，やはりパラメータの推定値は最小二乗法と同じものが
得られる．また，パラメータ σ^2 は，予測値 $\hat{y}_i = \hat{a} + \hat{b}x_{i1} + \hat{c}x_{i2}$ と観測値との
残差

$$e_i = y_i - \hat{y}_i$$

を用いて

$$\hat{\sigma}^2 = \frac{e_1{}^2 + e_2{}^2 + \cdots + e_n{}^2}{n}$$

で推定できる．ただし，やはりこの推定量は σ^2 に対して不偏ではない．回帰モ
デルのパラメータが a, b, c の 3 つある場合，不偏推定量は

$$\frac{n}{n-3}\hat{\sigma}^2 = \frac{e_1{}^2 + e_2{}^2 + \cdots + e_n{}^2}{n-3}$$

で与えられる．

　より一般に，説明変数が p 個ある場合の重回帰モデルは

$$y = \beta_0 + \beta_1 x_1 + \beta_2 x_2 + \cdots + \beta_p x_p \tag{6.7}$$

と表すことができる．これまでと同様，最小二乗法を用いてパラメータ推定す
ればよい．さらに，誤差が独立に正規分布 $N(0, \sigma^2)$ に従う統計モデルを考える
場合，推定したパラメータ $\hat{\beta}_0, \hat{\beta}_1, \hat{\beta}_2, \ldots, \hat{\beta}_p$ に対して残差を

$$e_i = y_i - (\hat{\beta}_0 + \hat{\beta}_1 x_{i1} + \hat{\beta}_2 x_{i2} + \cdots + \hat{\beta}_p x_{ip})$$

で定義すれば，分散の推定値は $\hat{\sigma}^2 = (e_1{}^2 + e_2{}^2 + \cdots + e_n{}^2)/n$ となる．ただし，
最小二乗法で推定したパラメータが $p+1$ 個ある場合の不偏分散は

$$\frac{n}{n-(p+1)}\hat{\sigma}^2 = \frac{e_1{}^2 + e_2{}^2 + \cdots + e_n{}^2}{n-(p+1)}$$

で与えられる．

(4) 重回帰モデルの応用

一般の p に対して，式 (6.7) の重回帰モデルを工夫すると説明変数の 1 次式で表すことができないようなモデルに対しても最小二乗法を適用できる．図 6.21 は走行中の自動車がブレーキをかけた時点での速さ (mph) と停止するまでの距離 (ft) を測定したデータの散布図である．なお，mph はマイル毎時，ft はフィートを表す測定単位であり，計 50 台の自動車に対して 1920 年代に記録されたものである．停止開始時点での速さ x から停止するまでの距離 y を記述する回帰モデルを推定したいとする．

説明変数が 1 つなので，これまでどおり単回帰モデルで図の青い直線を推定することもできるが，ここでは 2 次多項式を用いた回帰モデルを推定してみよう．式 (6.7) の重回帰モデルで $p=2$ とした場合，つまり，

$$y = a + bx_1 + cx_2$$

を考えよう．このままでは説明変数が 2 つ必要なわけだが，見方を変えて x_1 は停止時点における速さ x そのもの，x_2 は速さの 2 乗 x^2 であるとする．すると，

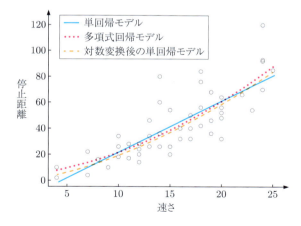

図 6.21 50 台の自動車に対して計測された，停止開始時点における速さ (mph) と停止するまでの距離 (ft) の散布図．青い実線は単回帰モデル，赤い点線は 2 次の多項式回帰モデルを用いて最小二乗法で推定された回帰モデルを表している．また，オレンジの破線は対数変換したデータに対して単回帰モデルを当てはめて得られる回帰曲線である．

228   第6章　統計的推測の基礎

この回帰モデルは停止時点の速さ x のみを用いて

$$y = a + bx + cx^2$$

となる．このようなモデルは，説明変数の1次式ではなく多項式であることから**多項式回帰モデル**とよばれる．すぐにわかるように，このモデルは本質的には重回帰モデルと同じように未知パラメータ a, b, c を最小二乗法で推定できる．推定した曲線は図の赤い曲線となるが，この曲線は**回帰曲線**ともよばれる．同じ考え方で，3次の多項式や4次の多項式などを用いてパラメータを推定することも考えられるが，どのモデルがデータを説明するために良いモデルかということには注意を払わなければならない．これは典型的な**モデル選択**の問題であり，6.7.3項であらためて説明する．

　同じデータを用いて別の回帰モデルを作ってみよう．詳細は省くが，理想的な状態で摩擦のある運動方程式を解くと，停止開始時点での速さ x と停止までの距離 y に関して

$$y = ax^2$$

となることが知られている．ここで，y が正であることに注意すると，$a > 0$ でなければならない．さて，両辺の自然対数を取ると

$$\log y = \log a + 2 \log x$$

が成り立つ．実際に行われる実験は理想的な状況とは程遠いと考えられるから，$\log x$ の係数も未知パラメータとして

$$\log y = \log a + b \log x$$

としてみよう．すると，よく眺めてみればこの関係式は $\log y$ を目的変数，$\log x$ を説明変数とする単回帰モデルと考えることができる．このモデルも他のものと同様に最小二乗法を用いてパラメータを推定できる．結果として，推定された回帰モデルとして，図 6.21 のオレンジの破線が得られた．

　上記のように，いろいろなモデルに対して線形回帰モデルの考え方が適用できるため，基本的な方法ではあるもののその応用範囲は非常に幅広いといえる．

6.7.2　回帰係数の検定と区間推定

　誤差が独立に正規分布に従う確率変数であるときの推定方法が最小二乗法だと考えたとき，推定量としての回帰係数はどのような分布に従うのだろうか．推定量の確率分布がわかると，区間推定や仮説検定に基づいて回帰係数の意味を統計的に解釈ができるため，想定したモデルに対してより詳細な解析ができるようになる．これはたとえば，腎機能の測定値のデータにおいて回帰係数 b の推定値は -0.08 であったが，この値が本当は 0 であるにもかかわらず，偶然 -0.08 という値を取ったのかどうか知りたいということである．もし帰無仮説 $b = 0$ が棄却できた場合，年齢は腎機能に対する重要な変数であるといえる．重回帰モデルに対しても同様に，どの説明変数が目的変数を記述するのに重要なものかを判断するための材料となりうる．

　重回帰モデルで説明すると記号が煩雑になってしまうため，ここでは単回帰モデルのパラメータの推定量について述べる．誤差が独立に正規分布 $N(0, \sigma^2)$ に従う単回帰モデル

$$y = a + bx + \varepsilon$$

において，切片項 a と回帰係数 b の推定値が

$$\hat{a} = \bar{y} - \hat{b}\bar{x}, \qquad \hat{b} = \frac{s_{xy}}{s_x^2}$$

であったことを思い出そう．計算がやや面倒ではあるが，切片項の推定量 $\hat{a}$ の期待値と分散は

$$E[\hat{a}] = a, \qquad V[\hat{a}] = \frac{\overline{x^2}}{ns_x^2}\sigma^2$$

であり，回帰係数の推定量 $\hat{b}$ の期待値と分散は

$$E[\hat{b}] = b, \qquad V[\hat{b}] = \frac{1}{ns_x^2}\sigma^2$$

となる．ここで，

$$\overline{x^2} = \frac{x_1{}^2 + x_2{}^2 + \cdots + x_n{}^2}{n}$$

である．したがって，どちらの推定量もターゲットとなるパラメータ a, b に対して不偏である．また，どちらの推定量も目的変数 $y_1, y_2, \ldots, y_n$ に関する 1 次式として表される．そのため，正規分布の再生性によれば，推定量の分布はそ

230 第 6 章 統計的推測の基礎

れぞれ

$$\hat{a} \sim N\left(a, \frac{\overline{x^2}}{ns_x{}^2}\sigma^2\right), \qquad \hat{b} \sim N\left(b, \frac{1}{ns_x{}^2}\sigma^2\right)$$

となることがわかる．そこで，推定量を基準化した分布が標準正規分布であることを用いて，6.5 節や 6.6 節のように信頼区間の構成や検定を行うことができる．なお，誤差が独立に正規分布に従う場合，最小二乗推定量の持つ性質として，他のどの不偏推定量よりも分散が小さいことが知られている．これは**ガウス＝マルコフの定理**とよばれるものであり，6.4.3 項で述べたように，分散が小さいほうが推定量は母平均のまわりに集中する．そのため，信頼区間や検定の構成においても，他の不偏推定量を用いるよりも分散が小さいという意味で有利といえ，これも最小二乗法を用いることの理由の 1 つである．

　腎機能の測定値のデータに対して検定を行ったところ，切片項と回帰係数に対する P-値はそれぞれ，3.53×10^{-13} および 5.18×10^{-15} であった．特に，回帰係数に関する帰無仮説 $b = 0$ は有意水準 5 % どころか 1 % でも棄却されるため，腎機能の予測に関して年齢は重要な変数であることが示唆される．また，ある製品の売上に関するデータの仮説検定では，切片項 a と広告費の係数 b，開発費の係数 c に関する P-値は順に $0.00013, 0.00497$ および 0.15486 であった．開発費に関しては積極的に売上に影響を与える変数であるとはいえないものの，広告費は売上に対する重要な要因であろうと結論づけることができる．

6.7.3　モデル評価基準

　6.7.1 項では，重回帰モデルの応用として，同じデータに対してもいろいろな回帰モデルを当てはめることができることを説明した．このとき，候補となるモデルが多いと，最終的にどのようなモデルを用いればよいか，という問題が生じる．可能な限りデータから客観的に良いモデルを選びたい．そこで，本節では，推定されたモデルをどのように評価すべきかということを念頭に置き，モデルの良さについて説明する．

(1) 決定係数

モデルの良さを測る指標として基本的なものの1つが**決定係数**とよばれる尺度である．直観的には，線形回帰モデルにおいて目的変数 y を説明変数 x でよく記述できるとき，観測値 $y_1, y_2, \ldots, y_n$ と予測値 $\hat{y}_1, \hat{y}_2, \ldots, \hat{y}_n$ の相関は高いはずである．観測値と推定値の相関係数を**重相関係数**とよぶ．線形回帰モデルにおいて，決定係数は重相関係数の2乗で定義され R^2 と表される．定義から決定係数は0以上1以下の値を取るが，相関が高いほど推定値で観測値を説明できることから1に近いほど良いモデルであると解釈する．

決定係数に関する別の解釈を説明しよう．決定係数は誤差の分散 σ^2 の推定値 $\hat{\sigma}^2 = (e_1{}^2 + e_2{}^2 + \cdots + e_n{}^2)/n$ と目的変数の分散

$$s_y{}^2 = \frac{(y_1 - \bar{y})^2 + (y_2 - \bar{y})^2 + \cdots + (y_n - \bar{y})^2}{n}$$

を用いて

$$R^2 = 1 - \frac{\hat{\sigma}^2}{s_y{}^2} \tag{6.8}$$

と書き換えることができる．第2項の分母は回帰モデルを考えない，つまり，目的変数だけでデータを説明したときの誤差分散である．一方，分子は回帰モデルに基づく誤差分散の推定値であり，回帰モデルを考えることで誤差分散が小さくなるほど良いモデルであることを意味している．

さらに，分散の推定値としてではなく，当てはまりの良さとして決定係数を解釈することもできる．簡単のため，分母と分子を n 倍しておくことにすれば，分母は

$$(y_1 - \bar{y})^2 + (y_2 - \bar{y})^2 + \cdots + (y_n - \bar{y})^2$$

であり，説明変数を用いない場合にどの程度目的変数の標本平均がデータに当てはまっているかを表している．一方，分子は残差の2乗和であるが，これは

$$(y_1 - \hat{y}_1)^2 + (y_2 - \hat{y}_2)^2 + \cdots + (y_n - \hat{y}_n)^2$$

であるから，回帰モデルのデータへの当てはまりの良さを表しており，この値が小さいほどうまく目的変数を記述できているということである．当てはまりが良いほど残差も小さくなるから，結果として，決定係数は1に近い値を取る．

ところが，パラメータが多いほど σ^2 の推定値 $\hat{\sigma}^2$ が小さくなることから，決

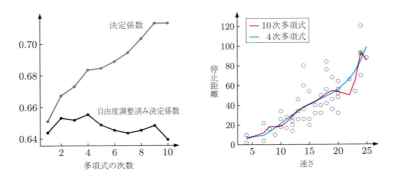

図 6.22 多項式の次数に対する決定係数および自由度調整済み決定係数のプロット (左) と，それぞれのモデル評価基準が最大となる次数で推定した回帰モデル (右)．決定係数を最大にする多項式は 10 次多項式であり，自由度調整済み決定係数を最大にするものは 4 次多項式であった．

定係数はパラメータが多いほど 1 に近づいてしまう．たとえば，図 6.21 の自動車のデータに対して，あらためて多項式回帰モデルを当てはめることを考える．ここでは，1 次から 10 次までの多項式を比較する．図 6.22 の左図の灰色の実線は，多項式の次数ごとの決定係数の値をプロットしたものである．多項式の次数が大きい，つまり，説明変数の数が多いほど決定係数は大きな値を取ることがわかる．いまの場合，決定係数を最大にする次数は 10 であり，このとき，$R^2 = 0.713$ であった．選択された多項式回帰モデルを当てはめたものが図 6.22 の赤線である．図 6.21 で当てはめたモデルと比較すると，やや変動が大きく，手元のデータに当てはまりすぎているように見える．このような，モデルが手元のデータに当てはまりすぎてしまう問題は**過適合**や**過剰適合**とよばれる．モデルが手元のデータに当てはまらなさすぎるような**過小適合**も問題であるが，データに当てはまりすぎてしまうと，新たなデータに対する目的変数の予測精度が悪化してしまう．そのため，当てはまりの良さのバランスを考慮して適切なモデルを選択しなければならない．

決定係数の過適合の問題を回避するため，式 (6.8) における分母と分子をそれぞれのパラメータに対する不偏推定量で置き換えたものは**自由度調整済み決定係数**とよばれる．自由度調整済み決定係数も通常の決定係数と同様に 1 に近い

値が良いとされる．分母は目的変数の標本分散ではなく不偏分散に置き換える
だけなのでパラメータ数には依存しないが，分子の分散の推定量が

$$\frac{n}{n-(p+1)}\hat{\sigma}^2$$

に置き換えられる．決定係数では，p が増加するとともに $\hat{\sigma}^2$ が小さくなるため
に変数が多いほど良いモデルとして選ばれやすいという問題が生じていた．一
方，自由度調整済み決定係数では分母に p が含まれているため，変数の増加に
対して分母も小さくすることでバランスをとっているのである．図 6.22 の左図
の黒い実線は，自由度調整済み決定係数をプロットしたものである．通常の決
定係数とは異なり，自由度が大きくなったとしても，単調に増加しているわけ
ではない．自由度調整済み決定係数では 4 次多項式が良いモデルとして選択さ
れ，推定したモデルは右図の青い実線となった．なお，このときの自由度調整
済み決定係数の値は 0.655 であった．10 次多項式ほど過適合しておらず，ほど
よいモデルが選ばれていると思われる．

(2) 赤池情報量規準

　決定係数や自由度調整済み決定係数は線形モデルの範囲で提案されたもので
あり，いろいろなモデルに対して適用するためにはそれほど汎用性が高いもの
ではない．より汎用的な方法として，**赤池情報量規準**を用いたモデル選択を行
う方法がある．赤池情報量規準は AIC と略されることが多く，大雑把にいえば

　AIC = (標本に対するモデルの当てはまりの良さ) + 2 × (モデルのパラメータ数)

で定義され AIC の値が小さなモデルほど良いと解釈される[※30]．詳細は割愛す
るが，AIC は予測の観点から自然に導出されたものであり，実装の簡単さから
も広く用いられているモデル評価基準である．直観的には，モデルでデータを説
明する際，当てはまりが良いことが望ましいことはいうまでもない．実際，決定
係数の解釈の 1 つとして，当てはまりの良さに関する説明を行った．ところが，
当てはまりの良さだけを見ていると過適合の問題が生じてしまうため，第 2 項
でパラメータが増えすぎて当てはまりすぎてしまうことに対する罰則を与えて

[※30] 「当てはまりの良さ」を正確に述べると「−2 × (最大対数尤度)」である．オリジナルの AIC
　　は一般的な統計モデルに対して導出されたものであり，正規分布に限らずベルヌーイ分布や
　　多変量正規分布などに基づくモデルに対するモデル選択にも利用できる．

いるのである．この点は，自由度調整済み決定係数の分子の不偏推定量が回帰モデルのパラメータ数を考慮していたことと類似している．したがって，AICが小さなモデルほど，当てはまりの良さとパラメータ数のバランスが取れた良いモデルであると解釈する．

AIC は線形回帰モデルに限らず，いろいろなモデルに対して適用できる基準であるが，誤差が独立に正規分布に従う場合の線形回帰モデルに対しては

$$\mathrm{AIC} = n \log(2\pi\hat{\sigma}^2) + n + 2(p+2)$$

となる．第 1 項には決定係数と同様に分散の推定値 $\hat{\sigma}^2 = (e_1{}^2 + e_2{}^2 + \cdots + e_n{}^2)/n$ が現れており，モデルの当てはまりの良さを評価していることがわかる．なお，AIC は最尤法に基づいて導出されたモデル評価基準であるから，ここでは分散の不偏推定量で置き換えてはいけないことに注意する．第 3 項がモデルの複雑さに対する罰則であり，いまの場合，回帰モデルのパラメータ $\beta_0, \beta_1, \beta_2, \ldots, \beta_p$ と誤差分散 σ^2 の $p+2$ 個のパラメータがある．

あらためて自動車のデータに対して 10 次多項式までの多項式回帰モデルを当てはめ，それぞれのモデルの AIC を比較したところ 2 次多項式の AIC = 418.772 が最小であった．推定された 2 次の多項式回帰モデルは図 6.21 の赤い点線のとおりである．

(3) 交差検証法

計算コストは大きいが，AIC と同様に汎用的なモデル選択の方法として**交差検証法** (Cross Validation) を紹介する．交差検証の直観的な発想は，推定されたモデルが良いとは未知のデータに対して当てはまりが良いことだ，というものである．そこで，観測されたデータを，未知のデータとして代用するための**検証用データ**とモデルを推定するための**訓練用データ**に分割しよう．ここでは，i 番目の測定値 $y_i, x_{1i}, x_{2i}, \ldots, x_{pi}$ を検証用データとして，残りの $n-1$ 個の測定値を訓練用データとする．訓練用データのみで推定した回帰モデルを

$$\hat{y}^{(-i)} = \hat{\beta}_0^{(-i)} + \hat{\beta}_1^{(-i)} x_1 + \hat{\beta}_2^{(-i)} x_2 + \cdots + \hat{\beta}_p^{(-i)} x_p$$

としたとき，検証用データに対する予測誤差を $(y_i - \hat{y}_i^{(-i)})^2$ とする．$i = 1, 2, \ldots, n$ として順番に同じことを繰り返して得られる値

$$\mathrm{CV} = \frac{(y_1 - \hat{y}_1^{(-1)})^2 + (y_2 - \hat{y}_2^{(-2)})^2 + \cdots + (y_n - \hat{y}_n^{(-n)})^2}{n}$$

を **CV 誤差**とよぶ．

　交差検証法も決定係数や AIC と同じように利用される．つまり，CV 誤差の評価をいろいろなモデルに対して行い，最終的に CV 誤差が小さいモデルを良いモデルとして選択する．あらためて自動車のデータに対して交差検証法を適用したところ，AIC と同じ 2 次の多項式が最適なモデルとして選択された．

　最後に交差検証法に関していくつか補足しておく．上記のように，検証用データとして観測値を 1 つだけ抜き取っておく交差検証法は**一個抜き交差検証法**とよばれる．この方法で選択されるモデルはある意味で AIC と等価であることが知られている．ただし，一個抜き交差検証法はサンプルサイズが大きいとモデルの評価に時間がかかってしまう．そのため，実用上は 1 つだけの観測値ではなく，データを同じくらいの大きさの K 個に分割したときのそれぞれの分割を検証用データとしてとっておく．この方法は **K 分割交差検証法**とよばれ，$K = 5$ や 10 がよく用いられる．K 分割交差検証法では，標本の偏りを排除するためにデータを無作為に分割する．したがって，同じモデルに対して適用したとしても，分割の仕方により最終的な CV 誤差が異なるので注意されたい．また，これまで述べたように，回帰モデルの当てはまりの良さを観測値と予測値の 2 乗誤差で評価する場合，一個抜き交差検証法の代わりに**一般化交差検証法**とよばれる方法も利用できる．一般化交差検証法は，一個抜き交差検証法で得られる誤差を詳細に評価することで得られるが，結果としてデータを検証用データと訓練用データに分割することなくモデルの評価を行うことができるというものである．この方法もまた AIC によるモデル選択とある意味で等価である．さらに，交差検証法の汎用性の高さを示すものとして，CV 誤差は解析目的に応じていろいろなものが利用できる．たとえば，統計モデルの当てはまりの良さを評価基準とすることで，線形回帰モデルに限らずともモデルの評価ができるのである．

第7章

より進んだ学習のために

　ここまで，現代社会におけるデータサイエンスの役割からデータの入手方法，データ分析の基礎となる統計学や実際の分析手法，コンピュータソフトウェアや実際の応用例について述べてきた．読者としては文科系も含んだ大学生全般を想定しているため，できるだけ数式を使わずに記述したが，そのためもあって記述が不十分になってしまった部分もある．最後に，それらの補足も含めて，より進んだ学習のための参考文献を紹介する．

第1章　現代社会におけるデータサイエンス

　現代社会におけるデータサイエンスの役割や実際のビジネスへの応用方法などについては数多くの書物が出版されているが，いくつか代表的なものをあげると，

　　○　西内啓，『統計学が最強の学問である』(ダイヤモンド社，2013)

は，データサイエンスという言葉が現在ほどポピュラーでなかった時代にその有用性を紹介し，当時ベストセラーとなった本である．

　　○　竹村彰通，『データサイエンス入門』(岩波新書，2018)

は，最近の動向まで含めて，データサイエンスの現状などを紹介している．

　　○　河本薫，『会社を変える分析の力』(講談社現代新書，2013)

は，データサイエンスを実際のビジネスに活かすコツを，筆者の経験も踏まえながら紹介している．

○ 河本薫, 『データ分析・AI を実務に活かす データドリブン思考』(ダイヤモンド社, 2022 年)

は, データ分析・AI をビジネスに活かすための著者の考え方をさらに体系化して示している.

○ 滋賀大学データサイエンス学部 編著, 宮本さおり・中村力 協力, 『この 1 冊ですべてわかる データサイエンスの基本』(日本実業出版社, 2024)

は滋賀大学データサイエンス学部における実際の教育に基づいて, データ分析の多くの事例とそれらの事例で用いられている分析手法を紹介している.

○ 北川源四郎・竹村彰通 編, 内田誠一・川崎能典・孝忠大輔・佐久間淳・椎名洋・中川裕志・樋口知之・丸山宏, 『教養としてのデータサイエンス改訂第 2 版 (データサイエンス入門シリーズ)』(講談社, 2024)

は本書と同じくリテラシーレベルの教科書であり,

○ 竹村彰通・田中琢真・椎名洋・深谷良治 編, 飯山将晃・和泉志津恵・市川治・岩山幸治・梅津高朗・奥村太一・川井明・齋藤邦彦・佐藤正昭・椎名洋・竹村彰通・田中琢真・谷口伸一・寺口俊介・南條浩輝・西出俊・姫野哲人・深谷良治・松井秀俊, 『データサイエンス応用基礎 (データサイエンス大系)』(学術図書出版社, 2024)

は, データサイエンスについてのより進んだ応用基礎レベルの教科書である.

○ キャシー・オニール (久保尚子 訳)『あなたを支配し、社会を破壊する、AI・ビッグデータの罠』(インターシフト, 2018)

は, 原題 (2016) が Weapons of Math Destruction で大量 (mass) 破壊兵器と数学 (math) を掛けており, データサイエンス・AI がもたらす負の側面について豊富な事例を交えて論じている. この著者による TED カンファレンスの講演動画も参考になる. 日本語字幕付きのものがインターネット上に無料で公開されている.

データの入手方法として, 本文では e-Stat や RESAS を紹介した. これらは本を読むよりも実際にパソコンを使うことのほうが大事であるが, あえて書籍を紹介すると,

238　　第 7 章　より進んだ学習のために

　　○　総務省統計局，『誰でも使える統計オープンデータ』(日本統計協会，2017)
は，もともと MOOC 講座 (大規模オンライン講座) のオフィシャルスタディ
ノートとして発行されたものであるが，e-Stat のさまざまな機能や活用事例を
紹介している.

　　○　日経ビッグデータ，『RESAS の教科書』(日経 BP 社，2016)
は，RESAS の使い方や地方自治体における活用事例を，フルカラーの写真込み
で紹介している.

第 2 章　データ分析の基礎

　　第 2 章ではデータサイエンスの基礎となる統計学の初歩について簡単に述べ
たが，データサイエンスをきちんと理解し最新の手法にもついていくためには，
統計学をきちんと学ぶ必要がある. 大学生であれば，自分の大学で統計学の講
義を選択するのが一番よいが，テキストをあげるとすると，

　　○　日本統計学会 編，『改訂版 統計検定 3 級対応　データの分析』(東京図
　　　　書，2020)
　　○　日本統計学会 編，『改訂版 統計検定 2 級対応　統計学基礎』(東京図書，
　　　　2015)

がある. これらは日本統計学会が実施している「統計検定」に対応したテキス
トであり，3 級が高校卒業程度，2 級が大学基礎程度に対応している. これらの
テキストで学習した後に実際に検定試験を受けてみるのもよいだろうし，検定
試験の過去問集も別途販売されている.

　　○　日本統計学会 編，『統計学 I：データ分析の基礎 オフィシャルスタディ
　　　　ノート 改訂第 2 版』(日本統計協会，2019)
　　○　日本統計学会・日本計量生物学会 編，『統計学 II：推測統計の方法 オフィ
　　　　シャルスタディノート 』(日本統計協会，2020)
　　○　日本統計学会・日本行動計量学会 編，『統計学 III：多変量データ解析法
　　　　オフィシャルスタディノート 』(日本統計協会，2017)

は MOOC 講座のオフィシャルスタディノートであり，本来はオンライン講座

を視聴しながら使うべきものであるが，MOOC 講座のスライドもすべて収録されている．

統計学をきちんと理解するためには，線形代数や微積分の知識も必要である．これらに関するテキストは星の数ほど出版されているが，統計学への応用の観点から書かれたものとして次の書物をあげておく．

○ 永田靖，『統計学のための数学入門 30 講』(朝倉書店，2005)

○ 椎名洋・姫野哲人・保科架風，『データサイエンスのための数学 (データサイエンス入門シリーズ)』(講談社，2019)

これらは，統計学およびデータサイエンスで必要となる微積分および線形代数をコンパクトにまとめてある．これらのテキストだけで勉強するのが難しい場合は，大学生であれば，自分の大学で数学の講義を受講して，練習問題を解きながら数学を身につけるのがよいだろう．

第 3 章　データサイエンスの手法

この章では，回帰分析やクラスタリング，決定木分析などの手法を，数学的厳密さはある程度省略したうえで紹介したが，たとえば回帰分析については，統計学の標準的な教科書 (前掲『統計検定 2 級対応　統計学基礎』など) を参照されたい．この章では文科系の学生にも抵抗なく読んでもらえるよう，あえてコンピュータによる実際のデータ分析には触れなかったが，たとえば

○ 豊田秀樹 編著，『データマイニング入門　R で学ぶ最新データ解析』(東京図書，2008)

は，ニューラルネットワークや決定木，クラスター分析などを，本書の第 4 章でも紹介した統計ソフト R を使って実際に適用する方法を紹介している．わたせせいぞう氏のカバーイラストも印象的な，楽しい本である．

○ 秋本淳生，『三訂版 データの分析と知識発見』(放送大学教育振興会，2024)

は，放送大学の講義の教科書であるが，これも，R を使ってクラスター分析や決定木，ニューラルネットワークを実際に動かしてみるテキストである．

○ 今井耕介 (粕谷祐子・原田勝孝・久保浩樹 訳)『社会科学のためのデータ

240 　第 7 章　より進んだ学習のために

　　分析入門　上・下』(岩波書店，2018)

は，米国の大学教科書の邦訳だが，実際の研究論文で扱われた「最低賃金の上昇と雇用」や「論文集『フェデラリスト』の著者予測」といったテーマを題材に，R で実際のデータを分析しながらデータ分析手法と R の使い方を入門から学ぶテキストである．

　機械学習については，本書では簡単な紹介しかできなかったが，

　　○　P. フラッハ (竹村彰通 監訳)『機械学習 ―データを読み解くアルゴリズムの技法―』(朝倉書店，2017)

が，入門書でありながらさまざまなトピックスを取り上げて楽しい本になっている．

第 4 章　コンピュータを用いたデータ分析

　この章では，Excel，R および Python によるデータ分析の方法を紹介した．これらはまさに，本を読むのではなく実際にパソコンを動かして習熟してほしい．

　Excel については多くのテキストが出版されているが，代表的なものとして，

　　○　縄田和満，『Excel による統計入門 第 4 版』(朝倉書店，2020)

をあげておく．

　R については，

　　○　山田剛史・杉澤武俊・村井潤一郎，『R によるやさしい統計学』(オーム社，2008)

　　○　舟尾暢男，『The R Tips 第 3 版 データ解析環境 R の基本技・グラフィックス活用集』(オーム社，2016)

前掲の『データマイニング入門　R で学ぶ最新データ解析』，『データの分析と知識発見』も参考になる．

　Python については，

　　○　Guido van Rossum (鴨澤眞夫 訳)『Python チュートリアル 第 4 版』(オライリー・ジャパン，2021)

○ Al Sweigart (相川愛三 訳)『退屈なことは Python にやらせよう 第2
版 — ノンプログラマーにもできる自動化処理プログラミング』(オライ
リー・ジャパン，2023)

がある．1番目の書籍は Python の作者自身による手引書，2番目の書籍は書名
のインパクトだけでなく具体例も面白い．

第5章　データサイエンスの応用事例

データサイエンスの応用事例については第1章の参考文献にあげた書籍にも
書かれているので，ここでは，実際の分析手法面を中心に，本書に続いて読む
べき本を紹介する．

マーケティング，金融については，

○ 豊田裕貴，『R によるデータ駆動マーケティング』(オーム社，2017)

が，本書でも紹介した回帰分析や決定木，アソシエーション分析などの手法を，
R を使ってマーケティングの実際に利用するといったことを扱っているので，
本書に続いてデータ分析を実際に行っていくにはよい本である．

品質管理については多くの書籍があるが，入門的書籍として下記をあげる．

○ 石川馨，『第3版 品質管理入門 A 編・B 編』(日科技連出版社，1989)
○ 鐵健司 編，「新版 QC 入門講座」全9巻 (日本規格協会，1999, 2000)
○ 仁科健・川村大伸・石井成，『スタンダード品質管理』(培風館，2018)

品質管理に関する知識を確認するためには QC 検定を受けてみるのもよいだ
ろう．基本的参考書籍として下記をあげる．

○ 仁科健 監修，『過去問題で学ぶ QC 検定2級 2025 年版』(日本規格協会，
2024)

画像処理については，

○ ディジタル画像処理編集委員会，『ディジタル画像処理 改訂第二版』(画
像情報教育振興協会，2020)
○ Richard Szeliski (玉木徹他 訳)『コンピュータビジョン　アルゴリズム
と応用』(共立出版，2013)

242   第 7 章　より進んだ学習のために

○ 原田達也，『画像認識 (機械学習プロフェッショナルシリーズ)』(講談社，
2017)

医学分野については，

○ 日本バイオインフォマティクス学会 編，『バイオインフォマティクス入
門 第 2 版』(慶應義塾大学出版会，2021)

をあげる．

言語・画像・音声をすべて含む教科書として，

○ 市川治・飯山将晃・南條浩輝，『音声・テキスト・画像のデータサイエン
ス入門 (データサイエンス大系)』(学術図書出版社，2024)

をあげる．

第 6 章　統計的推測の基礎

統計的推測やその背後にある数学に関するテキストとしては，すでにあげら
れている

○ 日本統計学会 編，『改訂版 統計検定 2 級対応　統計学基礎』(東京図書，
2015)

○ 永田靖，『統計学のための数学入門 30 講』(朝倉書店，2005)

などがある．また，線形回帰モデルやモデル評価基準などについては

○ 小西貞則，『多変量解析入門 —線形から非線形へ—』(岩波書店，2010)

がある．数理的にやや高度であるものの，わかりやすく丁寧に書いてあるので
非常に読みやすい．また，回帰モデルの他にも，クラスタリングや判別分析な
どについても書かれており，統計解析で代表的な手法を概観できる．さらに，
Ptython や R のコード付きのテキストとして，

○ 馬場真哉，『Python で学ぶあたらしい統計学の教科書 第 2 版』(翔泳社，
2022)

○ 金森敬文，『Python で学ぶ統計的機械学習』(オーム社，2018)

○ 松井秀俊・小泉和之，『統計モデルと推測 (データサイエンス入門シリー
ズ)』(講談社，2019)

○ 林賢一，『R で学ぶ統計的データ解析 (データサイエンス入門シリーズ)』
(講談社，2020)

などがあげられる．データサイエンスを理論・実践の両面で理解するためにも
計算機による実装をおすすめする．最後に，数理的に厳密な統計的推測のため
のテキストとして

○ 藤澤洋徳，『確率と統計 (現代基礎数学)』(朝倉書店，2006)

○ 竹村彰通，『新装改訂版　現代数理統計学』(学術図書出版社，2020)

をあげておく．いずれもはじめは難しく感じられるかもしれないが，大学初年
次程度の微分積分・線形代数に習熟していれば十分に読むことができる．

索　引

■ 英数字

2 標本 t 検定	216
2 標本問題	215
3V	5
A/B テスト	142
AI	10, 95
AIC	139, 233
AI 法	30
API	38
CCD	157
ChatGPT	11, 98
CMOS	157
CV 誤差	235
DNA	164
DoS 攻撃	22
EBPM	9
ELSI	16
e-Stat	36, 101, 237
GDPR	19
Hadoop	35
ICT	9
IoT	4, 31
iris	119
k-means 法	89
K 分割交差検証法	235
longley	122
math モジュール	130
NoSQL	35
POS データ	86, 138
print 関数	131
Python 標準ライブラリ	135

P-値	78, 111, 139, 212
QC 7 つ道具	154
R	113
RDB	34
read.csv	125
RESAS	36, 237
RGB	159
Society 5.0	4
SQC	150
SQL	34
TQM	150
t 検定	78, 216
t 分布	200, 216

■ あ 行

赤池情報量規準	139, 233
アソシエーション分析	84, 85, 144
アンコンシャス・バイアス	26
アンダーソン＝ダーリング検定	217
異常値	38
一様分布	184
一個抜き交差検証法	235
一致推定量	197
一般化交差検証法	235
一般データ保護規則	19
遺伝子	165
遺伝子型	165
遺伝子座	165
遺伝情報	164
因果関係	60, 166
インタプリタ型	115

索　　引　　245

ウィルコクソンの順位和検定 ……216
上側 P-値 ………………………215
ウェルチ近似 …………………216
後ろ向き解析 …………………164
オープンデータ …………………38

■ か 行
回帰曲線 …………………………228
回帰係数 …………………………221
回帰直線 ……… 58, 76, 108, 123, 221
回帰分析 … 75, 94, 111, 123, 136, 139
回帰モデル ………………………220
改ざん …………………………25
階層クラスタリング ……………89
解像度 ……………………………158
カイ二乗検定 ……………………218
カイ二乗分布 ……………………217
ガウス゠マルコフの定理 ………230
過学習 ……………………………97
拡散モデル ………………………162
確率 ………………………………171
確率関数 …………………………172
確率変数 …………………………171
確率密度関数 ……………………175
匿名加工情報 ……………………18
過剰適合 …………………………232
過小適合 …………………………232
仮説検定 ………………… 185, 205
画素 ………………………………158
画像解析 …………………………157
画像合成 …………………………161
画像処理 …………………………156
片側検定 …………………………213
傾き ………………………………58
偏り ………………………………194
過適合 ……………………………232
可用性 ……………………………21
カラー画像 ………………………159
カラーフィルタ …………………159
間隔尺度 …………………………42

関係型データベース ……………34
完全性 ……………………………21
機械学習 …………………………95
棄却域 ……………………………206
棄却点 ……………………………207
疑似相関 …………………………61
基準化 ……………………………179
期待値 ……………………………178
期待値の線形性 …………………182
偽発見率 …………………………220
基盤モデル ………………………99
機密性 ……………………………21
帰無仮説 …………………………205
偽薬効果 ………………… 65, 163
強化学習 …………………………96
教師あり学習 ……………………96
教師なし学習 ……………………96
共分散 ………………… 56, 103, 180
区間推定 ………………… 191, 199
区間推定値 ………………………200
区間推定量 ………………………200
組み込み関数 ……………………131
クラウド …………………………31
クラスター抽出 …………………67
クラスタリング ……… 87, 97, 140
クローニング ……………………38
クロス集計 ………………………74
クロス集計表 ……… 74, 91, 139, 218
クロス表 …………………………74
訓練用データ ……………………234
系統抽出 …………………………67
欠測値 ……………………………38
欠損値 ……………………………38
決定木分析 ………………………91
決定係数 ……… 77, 110, 139, 231
ゲノム ……………………………164
言語データ ………………………153
検証用データ ……………………234
検定統計量 ………………………209

交差検証法 234
構造化データ 156
個人情報 17
コメント 132
コルモゴロフ゠スミルノフ検定 217
コンソール 114
コンピュータビジョン 160

■ さ 行

最小絶対偏差法 222
最小二乗法 58, 76, 222
再生性 187
最頻値 50
最尤法 224
残差 58, 223
散布図 52, 53, 69, 108, 123
サンプリング 169
サンプルサイズ 45, 66, 169
シグモイド曲線 80
試行 171
支持度 85
事象 172
市場調査 138
下側 P-値 215
実現値 179
実時間 5
質的データ 41
四分位数 47
四分位範囲 48
重回帰分析 76
重回帰モデル 225
重相関係数 231
自由度調整済み決定係数 139, 232
周辺分布 176
受光素子 158
順序尺度 42
証拠に基づく医療 162
証拠に基づく政策立案 9
情報セキュリティ 20
新 QC 7 つ道具 155

人工知能 10, 95
深層学習 10, 93
深層生成モデル 11
信頼区間 200
信頼水準 200
信頼度 85
推薦システム 143
推定値 192
推定量 192
数値データ 153
スクレイピング 38
スタージェスの公式 45, 104
スマートフォン 1
正規分布 179, 186
生成 AI 12, 27, 98, 136, 162
生成モデル 11
製造品質 152
正の相関 57, 182
設計品質 152
切片 58
説明変数 58, 76, 221
全確率 172
線形回帰モデル 221
全ゲノム相関解析 166
潜在変数 61
全事象 172
染色体 164
全数調査 170
層化抽出 68
相関関係 60
相関係数 52, 56, 103, 181
総合的品質管理 150
ソーシャルスコアリングシステム 30
ソサエティー 5.0 4

■ た 行

第 1 四分位点 47, 102
第 3 四分位点 47, 102
第 3 の変数 61
第 4 次産業革命 4

第一種の過誤 206	独立性検定 218
大規模言語モデル 99	度数 42
大数の法則 52, 197	特化型 AI 98
代入文 130	ドラッグデザイン 168
代表値 50	
互いに排反 173	■ な 行
多項式回帰モデル 228	内定辞退確率 15
多次元正規分布 188	内分点法 103
多重検定 219	二項係数 186
多重性の問題 219	二項分布 186
多重比較 219	二重盲検試験 163
多段抽出 68	二峰性 43
多変量正規分布 188	ニューラルネットワーク 93
多峰性 43	捏造 25
ダミー変数 76, 111	ノンパラメトリック検定 216
単回帰分析 76	
単回帰モデル 221	■ は 行
単純無作為抽出 67	バイアス 194
単峰性 43	バイト 33
中央値 47, 102, 120, 134	箱ひげ図 47, 103, 122
中心極限定理 201	外れ値 38, 55
超幾何分布 218	パッケージ 113
著作権 23	パラメトリック検定 216
ディープラーニング 93	汎用型 AI 98
データ駆動型社会 6	非階層クラスタリング 89
データクレンジング 39	非構造化データ 156
データサイエンス 6	ヒストグラム 42, 69, 103, 122
データサイエンティスト 8	被説明変数 58, 221
データフレーム 32	ビッグデータ 1, 161
適合度検定 217	ビット 33
デジタル画像 157	表現型 165
テューキーの方式 49	標準一様分布 185
電子署名 21	標準化 179
点推定 191, 192	標準正規分布 187
統計的品質管理 150	標準偏差 50, 102, 179
統計法 19	標本 66, 169
同時確率分布 176	標本空間 172
同時分布 176	標本抽出 169
独立 177	標本調査 66, 170
	標本分散 192

標本平均 192
比例尺度 41
ヒンジ法 48, 103
頻度 42
フィッシャーの正確確率検定 218
不正アクセス 20
負の相関 57, 182
不偏推定量 194
不偏分散 51, 102, 121, 195
プラセボ効果 65, 163
プラットフォーマー 6
プロンプトエンジニアリング 99
分割表 74
分散 50, 102, 120, 178
平均 178
平均値 50, 102, 120, 134
ベイズの定理 81
ベルヌーイ分布 185
偏相関係数 63
ポイントカード 2, 141
ポイントサービス 14
ポートフォリオセレクション 145
保険 148
母集団 66, 169
母集団の大きさ 169
母集団分布 191
母数 191
母比率 201
母分散 191
母平均 191
ホルム法 220
ボンフェローニ補正 220

■ ま 行

マーケティング 137
マルチモーダル 12
マルチモーダル AI 162
マン＝ホイットニーの U 検定 216
無作為抽出 192

無相関 57
名義尺度 42
モーメント推定量 198
モーメント法 198
目的変数 58, 221
モジュール 135
モデル選択 228

■ や 行

有意水準 206
尤度 224
予測値 58

■ ら 行

ライブラリ 135
ランサムウェア攻撃 20
ランダムサンプリング 192
リアルタイム 5
離散一様分布 184
離散型確率分布 172
離散型確率変数 171
離散データ 42
リスクベース 30
リスト 32, 131
リフト値 85, 144
両側検定 213
両側 P-値 214
量的データ 41
倫理 14
累積分布関数 173, 175
連続一様分布 184
連続型確率分布 175
連続型確率変数 171
連続データ 42
ロジスティック回帰 79, 146
ロジスティック曲線 80

■ わ 行

忘れられる権利 19
割り付け 65

——— 著者紹介 ———

● **編著者**

竹村　彰通　（1.1 節）
　　滋賀大学 学長

姫野　哲人　（2.4 節）
　　滋賀大学データサイエンス学部 准教授

高田　聖治　（第 3 章，4.1 節，5.1 節，5.2 節，第 7 章）
　　国際連合 上席統計官／アジア太平洋統計研修所 副所長

西井　龍映
　　元 長崎大学情報データ科学部 学部長

植木　優夫
　　長崎大学情報データ科学部 教授

松本　拡高
　　長崎大学情報データ科学部 准教授

● **著者**（五十音順）

和泉　志津恵　（2.2 節，2.3 節）
　　滋賀大学データサイエンス学部 教授

市川　治
　　滋賀大学データサイエンス学部 学部長

梅津　高朗　（4.3 節）
　　滋賀大学データサイエンス学部 准教授

梅津　佑太　（第 6 章）
　　長崎大学情報データ科学部 准教授

北廣　和雄　（5.3 節）
　　滋賀大学データサイエンス学部 特別招聘教授，北廣技術士事務所 所長

齋藤　邦彦　（1.3 節）
　　名古屋学院大学商学部 教授，滋賀大学 名誉教授

佐藤　智和　（5.4 節）
　　滋賀大学データサイエンス学部 教授

白井　剛　（5.5 節）
　　滋賀大学データサイエンス学部 特別招聘教授，長浜バイオ大学バイオサイエンス学部 教授

田中　琢真　（2.1 節）
　　滋賀大学データサイエンス学部 准教授

槙田　直木　（1.2 節）
　　滋賀大学データサイエンス・AI イノベーション研究推進センター 客員研究員，
　　総務省統計研究研修所 統計研修研究官

松井　秀俊　（4.2 節）
　　滋賀大学データサイエンス学部 教授

データサイエンスの歩き方 （ある）（かた） 第2版

2022 年 3 月 30 日	第 1 版	第 1 刷	発行
2023 年 9 月 30 日	第 1 版	第 2 刷	発行
2025 年 3 月 10 日	第 2 版	第 1 刷	印刷
2025 年 3 月 30 日	第 2 版	第 1 刷	発行

編　集　　滋賀大学データサイエンス学部
　　　　　長崎大学情報データ科学部

発 行 者　　発 田 和 子

発 行 所　　株式会社　学術図書出版社

〒113-0033　東京都文京区本郷 5 丁目 4 の 6
TEL 03-3811-0889　振替 00110-4-28454
印刷　三美印刷（株）

定価はカバーに表示してあります.

本書の一部または全部を無断で複写（コピー）・複製・転
載することは，著作権法でみとめられた場合を除き，著作
者および出版社の権利の侵害となります．あらかじめ，小
社に許諾を求めて下さい．

© 2022, 2025　滋賀大学データサイエンス学部,
　　　　　長崎大学情報データ科学部
Printed in Japan
ISBN978-4-7806-1320-9　C3040